Die Deutsche Marine 1955–1985
Schiffe und Flugzeuge

Kroschel – Steindorff

Die Deutsche Marine 1955–1985

Schiffe und Flugzeuge

mit einem Geleitwort von
Dieter Wellershoff

Verlag Lohse – Eissing
Wilhelmshaven

Die Abbildungen auf dem Schutzumschlag
zeigen von links oben nach rechts unten:
Schulfregatte Raule (F 217)
Munitionstransporter Odenwald (A 1436)
Seenotamphibienflugzeug Grumman HU 16-C Albatros
Schnelles Minensuchboot Widder (M 1094)
FK – Schnellboot Jaguar (P 6147)
Fregatte Rheinland-Pfalz (F 209)
mit Bordhubschrauber Westland Sea Lynx Mk 88

Herausgeber, Bild- u. Tabellenteil:
Flottenarzt a. D. Dr. Günter Kroschel
Einführung:
Flottillenadmiral Klaus-Jürgen Steindorff,
Befehlshaber der Seestreitkräfte der Nordsee
Geleitwort:
Vizeadmiral Dieter Wellershoff, Inspekteur der Marine

1. Auflage 1985

Gesamtherstellung Mohndruck Graphische Betriebe GmbH, Gütersloh
ISBN 3-920602-30-7

Inhalt

Geleitwort

Es gehört zur Natur des Planeten, auf dem wir leben, daß mehr als zwei Drittel seiner Oberfläche von Ozeanen bedeckt sind. Meere trennen die Kontinente – aber sie verbinden sie auch, und ihre Bedeutung als Transportweg, als Nahrungsmittelspeicher und Energiereservoir ist größer denn je.
Veränderungen auf den Weltmeeren berühren die Geschicke der Völker, beeinflussen die Sicherheit der freien Welt. Besonders auch die Bundesrepublik Deutschland als ein auf intensiven Handelsaustausch angewiesenes Land braucht das Meer.
Eine florierende Wirtschaft und damit verbunden Lebensqualität und Wohlstand ihrer Bürger sind nur dann gesichert, wenn die Nutzung der freien See gewährleistet und Frieden in Freiheit erhalten werden kann. An der Erreichung dieses Zieles hat die deutsche Marine seit ihrer Gründung im Jahre 1955 wesentlichen Anteil.
Eingebettet in das Nordatlantische Bündnis, das allein durch seine Namensgebung schon auf die Bedeutung der See in dieser Allianz hinweist, bestand von Anbeginn an die Aufgabe, gemeinsam mit den verbündeten Marinen die Territorien und Schlüsselpositionen im Nordflankenraum zu behaupten und die Seeverbindungen in diesem Gebiet zu sichern. Zur Erfüllung dieses Auftrages verfügt die deutsche Marine heute über See- und Seeluftstreitkräfte, die der Bedrohung und den geographischen Gegebenheiten des Operationsgebietes angepaßt sind.
Daß der Weg von den ersten Fahrzeugen der jungen deutschen Marine – Schnellbooten der Royal Navy mit deutschen Besatzungen, Minensuchbooten der Labour Service Unit sowie Einheiten des in die Marine übernommenen Bundesgrenzschutzes See – bis hin zu den modernen Fregatten der BREMEN-Klasse und den Marinejagdbombern TORNADO nicht immer problemlos zu gehen war, verwundert nicht, bedenkt man die Umstände, unter denen die deutsche Marine gegründet wurde. Es galt vor allem auch, durch Ausbildung und Erziehung unter veränderten Gegebenheiten die Einsatzfähigkeit und Einsatzbereitschaft zu schaffen, die erforderlich war und ist, um unsere Aufgabe im Bündnis erfüllen zu können.
Inzwischen kann die Marine auf drei Jahrzehnte zurückschauen, die insgesamt eine positive Bilanz aufweisen. Zahlreiche nationale und NATO-Manöver haben gezeigt, daß die Marine in der Lage ist, die an sie gestellten Aufgaben zu erfüllen – das zu leisten, was die Bundesrepublik Deutschland und ihre Bündnispartner von ihr erwarten. Bei unzähligen Auslandsreisen haben ihre Einheiten die Weltmeere befahren und dabei als »Botschafter in Blau« ihr Land repräsentiert.
Das vorliegende Buch ist ein gelungener Beitrag, 30 Jahre deutsche Marine in Wort und Bild aufzuarbeiten, drei Jahrzehnte, in denen die Entwicklung von der Stunde Null bis heute geschildert wird.
Ich wünsche diesem Buch einen breiten Leserkreis. Möge es dazu beitragen, Interesse an der Marine und ihren Aufgaben zu wecken.

Wellershoff
Vizeadmiral

Die Deutsche Marine
Gründung, Ziele, Aufgaben und Organisation

von Klaus-Jürgen Steindorff

Die Entstehung des maritimen Beitrages der Bundesrepublik Deutschland

Nach Gründung der Bundesrepublik Deutschland im Jahre 1949 wurden bereits Anfang der fünfziger Jahre von der Bundesregierung Überlegungen angestellt, Streitkräfte aufzustellen. Die Souveränität der Bundesrepublik berechtigte dazu und die Lageentwicklung der ost-westlichen Beziehungen in diesen Jahren veranlaßte die Regierungen der ehemaligen Besatzungsmächte der Vereinigten Staaten von Amerika, von Großbritannien und der Republik Frankreich die Bundesrepublik Deutschland aufzufordern, sich an der Sicherung des Friedens in Europa zu beteiligen. Die politisch Verantwortlichen gingen davon aus, daß ein deutscher Verteidigungsbeitrag mit Streitkräften nur im Rahmen eines Bündnisses geschehen könne. Nachdem dann die Bildung einer Europäischen Verteidigungsgemeinschaft (EVG) scheiterte, trat die Bundesrepublik Deutschland nach den politischen Bemühungen des damaligen Bundeskanzlers Konrad Adenauer im Mai 1955 als 15. Mitgliedsstaat der Nordatlantischen Verteidigungsorganisation (NATO) bei. Theodor Blank, erster Verteidigungsminister der Bundesrepublik, überreichte dann am 12. November 1955 die Ernennungsurkunden an die ersten Offiziere der Bundeswehr. Seither wird der 12. November 1955 als Gründungstag der Bundeswehr gefeiert.

Die Gedanken und Untersuchungen zur Bildung des deutschen Streitkräfteanteils, der schließlich in das Atlantische Bündnis eingebracht wurde, schlossen neben Heeres- und Luftwaffenteilen auch ein Marinekontingent mit ein. Die politischen und militärischen Berater der Bundesregierung ließen sich dabei von dem Gedanken leiten, daß die Erhaltung der Sicherheit auf dem Festland Europa von den Kraftzentren des Westens, insbesondere von Nordamerika, aber auch von dem Inselreich Großbritannien abhängig ist. Das Aufrechterhalten der Seeverbindungslinien über den Atlantischen Ozean und in den Randmeeren des europäischen Kontinents mußte also ein entscheidender Eckpfeiler des Atlantischen Bündnisses sein, wie es auch der Name dieser Verteidigungsorganisation ausdrückt. Schließlich stellen die Verbindungswege zwischen den Kontinenten Amerika und Europa den Fluß der Rohstoffversorgung, den Warenaustausch zwischen den Ländern diesseits und jenseits der Meere sowie die Ernährung und Versorgung der Bevölkerung und die personelle und materielle Unterstützung der Truppenkontingente der Bündnisnationen in Westeuropa sicher. Die Sicherung der Seeverbindungen war bei Gründung der NATO und ist noch heute im wesentlichen Aufgabe der großen und vielseitig ausgerüsteten Marinen der westlichen Seemächte. Es lag also auf der Hand, daß sich die Bundesrepublik Deutschland mit ihrem Marineanteil zusammen mit den Marinen der Länder des europäischen Festlandes an der Sicherung der Randmeere beteiligte und dabei in erster Linie in den an die Bundesrepublik angrenzenden Seegebieten der Ostsee und Nordsee. Küstenverlauf, eine reiche Inselwelt, zahlreiche Flußmündungen und damit zusammenhängende Meeresbedingungen wie unterschiedliche Wassertiefen und Strömungen, aber auch rauhe, wechselhafte Wetterlagen in diesen Seegebieten erforderten eine entsprechende Ausrüstung mit Mitteln, die dieser Umwelt gewachsen waren. Sie mußten sich eignen für den Schutz gegen Minen vor der Küste, in Flußmündungen und auf Reeden, zum Beschützen der Handelsschiffahrt, insbesondere gegen U-Boote und zur Abwehr von Angriffen auf die Küsten, gegen die eigene Schiffahrt und aus der Luft. Praktisch bedeutete das die Anschaffung von kleinen und mittelgroßen Fahrzeugen mit großer Beweglichkeit und geringem Tiefgang sowie mit einer schlagkräftigen Bewaffnung gegen Luft- und Überwasserziele, aber auch gegen U-Boote.

So wurden die Kampfmittel des deutschen Marinekontingentes in einer vielseitigen Zusammensetzung geplant. Im Kern umfaßten die ersten Beschaffungsforderungen

- Minensuch- und Minenräumboote
- Minenleger
- Sicherungs- und Geleitfahrzeuge
- U-Bootjäger

- kleine und mittlere Schnell- und Torpedoboote
- kleine U-Boote
- Landungsfahrzeuge zum Verbringen von Truppen mit Ausrüstung

sowie Hubschrauber und Flugzeuge für die Aufklärung, U-Bootbekämpfung und die Abwehr von Angriffen über See. Man sieht, daß die ersten Marineplaner von vornherein an einen in die Marine fest eingefügten Luftfahrzeuganteil gedacht haben, der sich bis heute zu den Marinefliegerverbänden der Flotte entwickelt hat.
Der Leser wird überhaupt an den nachfolgenden Darstellungen, technischen Daten und an dem Bildmaterial nahezu lückenlos verfolgen können, wie sich der technische Stand und die Zusammensetzung des Bestandes der See- und Luftfahrzeuge von der Entstehung der Deutschen Marine bis heute entwickelt hat.
Er wird erkennen, daß die ersten Ausrüstungsforderungen an ein deutsches Marinekontingent unter Ausnutzen der technischen Möglichkeiten und Entwicklungen weiter verfolgt wurden und schließlich zu einer Flotte geführt haben, die allen Anforderungen an die moderne Technik gerecht wird.

Das Atlantische Bündnis und die Aufgaben der Deutschen Marine

Die Bundesrepublik Deutschland will ihre Sicherheit mit dem Beitrag zum Atlantischen Bündnis erhalten. Alle Mitglieder dieser Verteidigungsorganisation haben sich verpflichtet, Streitkräfte nach Art und Umfang so zur Verfügung zu stellen, daß diese in der Zusammenfassung im Bündnis einen bewaffneten Angriff gegen einen oder mehrere Bündnispartner verhindern. In der Verfolgung dieses Zieles haben sie sich auch zu einer gemeinsamen politischen und militärischen Führung bereit erklärt. Es gilt das Prinzip, daß die Atlantische Verteidigungsorganisation immer nur so wirksam sein kann, wie jeder einzelne Vertragspartner dazu beiträgt. So werden auch die deutschen Streitkräfte der militärischen Führung des Bündnisses für ihren Einsatz unterstellt. Jahr für Jahr werden eine Fregatte oder ein Zerstörer im Ständigen Einsatzverband Atlantik (STANAVFORLANT) und ein Boot der Minenstreitkräfte im Ständigen Einsatzverband Ärmelkanal (STANAVFORCHAN) unter wechselnder Führung eines Offiziers der NATO Staaten eingegliedert. Die Führungsgremien der NATO sorgen dafür, daß die Streitkräfteanteile nach dem Willen der Nationen ihre Aufgaben und Einsatzgebiete zugewiesen bekommen. Die Deutsche Marine hat ihre Einsatzschwerpunkte in der Ostsee und in der Nordsee.
Die seestrategische Bedeutung der Ostsee liegt darin begründet, daß die Sowjetunion zusammen mit den Mitgliedstaaten des Warschauer Paktes den Hauptanteil der Küsten des Ostseeraumes besitzt mit zahlreichen Häfen, Stützpunkten und umfangreichen Werften für den Schiffbau und den Reparaturbetrieb. Das Königreich Dänemark bildet mit den Durchfahrten durch den Sund und die Belte das Tor der Ostsee und hält damit als NATO-Mitglied eine strategische Schlüsselposition des Bündnisses in der Hand. Die Ostseezugänge bedeuten aber in gleicher Weise eine Flankenstellung für das westliche Mitteleuropa. Die Sicherstellung der Verteidigung dieser Schlüsselposition ist daher für die europäischen NATO-Partner lebenswichtig.
Gemeistert werden kann sie im Zusammenwirken der dänischen und deutschen Streitkräfte, wobei den Marinen der Hauptanteil der Verteidigungsaufgaben in diesem See- und Küstenraum zufällt. Hierzu trägt die Deutsche Marine mit folgenden Aufgaben bei:

- Schutz und Sicherung der westlichen Schiffahrt in der Ostsee und in den Ostseezugängen
- Abwehren von Übergriffen auf die Küsten und Inseln, insbesondere Verhindern von amphibischen Landungen im Bereich der Ostseezugänge
- Unterbinden des Nachschubverkehrs für amphibische Operationen
- Freihalten der Seewege von Minen und Minenlegen zum Schutz des deutschen und dänischen Territoriums
- Verbringen von Heereseinheiten zur Verteidigung der Inseln und Küsten.

Die Ostseezugänge, die sich über die Durchfahrten der dänischen Meerengen ins Kattegat und Skagerrak fortsetzen, münden in den Seeraum der Nordsee ein, der sich nach Norden in die Norwegensee und nach Nordwesten in den Atlantik öffnet. In diesem Raum laufen die Seeverbindungslinien zwischen Nordamerika und Nordeuropa zusammen. Sie bündeln sich dann besonders stark vor den Zu-

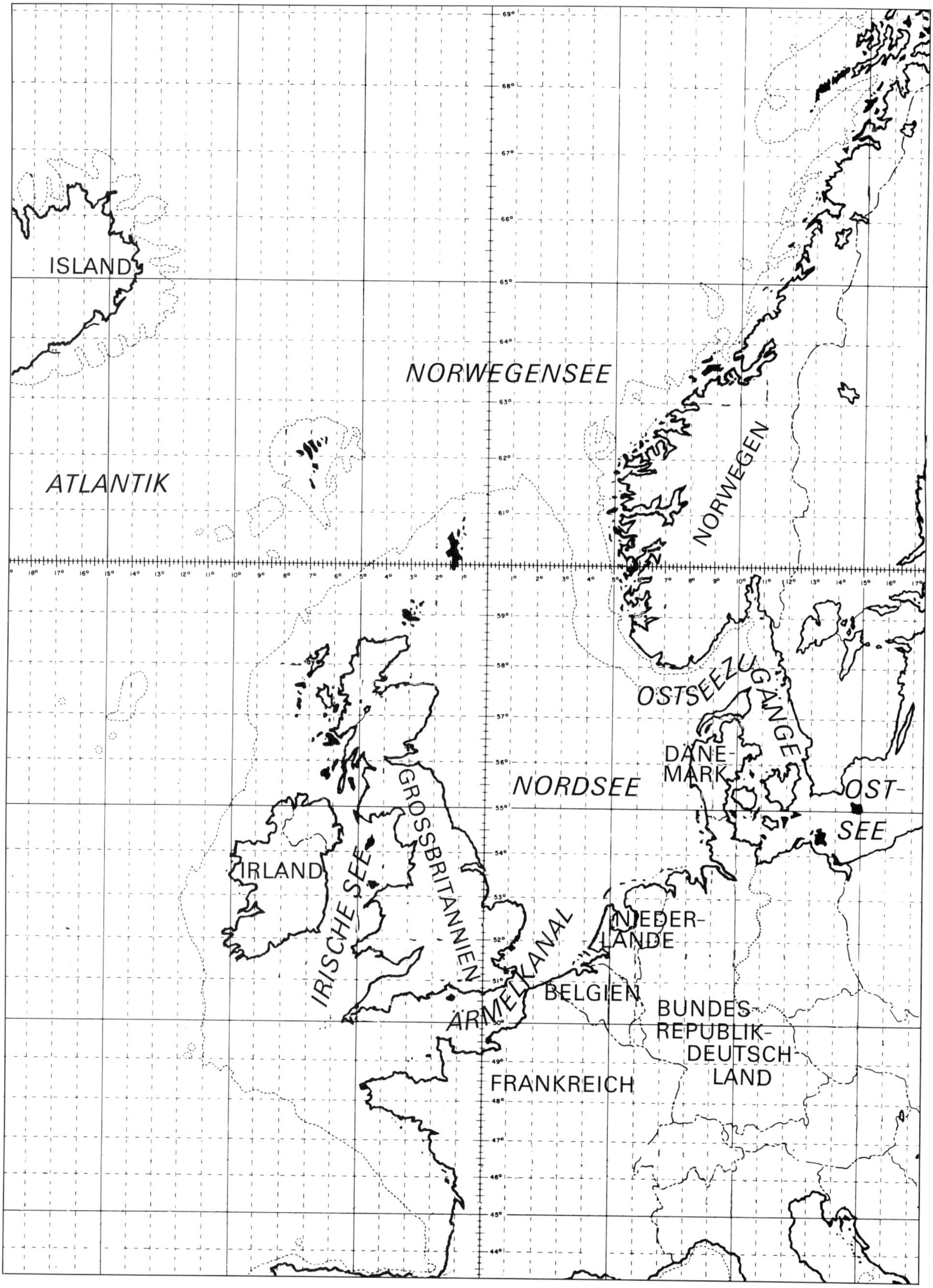
ISLAND
NORWEGENSEE
ATLANTIK
NORWEGEN
OSTSEEZUGÄNGE
DÄNE-
MARK
NORDSEE
OST-
SEE
GROSSBRITANNIEN
IRLAND
IRISCHE SEE
NIEDER-
LANDE
ÄRMELKANAL
BELGIEN
BUNDES-
REPUBLIK
DEUTSCH-
LAND
FRANKREICH

fahrten der Häfen an den Küsten von Norwegen, Dänemark und der Bundesrepublik Deutschland. Unter Hinweis auf die hier bereits dargestellte seestrategische Schlüsselposition der Ostseezugänge ergibt sich dann auch der Rückschluß, daß die Verteidigung dieser Position direkte Auswirkungen auf die Sicherung der Seeverbindungen in der Nordsee mit ihren angrenzenden Meeren und im Atlantik hat. Eine ähnliche Lage besteht für das Atlantische Bündnis im Norden Norwegens. Nordkap und Ostseezugänge sind Ausfalltore der Flotten der Sowjetunion und des Warschauer Paktes zum Atlantik.
Die ungehinderte Passage dieser atlantischen Positionen ermöglicht schließlich den Zugriff zu den Lebenslinien des Atlantischen Bündnisses. Damit können die Seeinteressen der Bündnispartner Großbritannien, Dänemark, Norwegen und Deutschland empfindlich getroffen und die Versorgung und Verstärkung Nord- und Mitteleuropas folgenschwer geschädigt werden. Es muß also in erster Linie Aufgabe der nordeuropäischen Marinen sein, den Einmündungs- und Bündelungsraum an der Nordflanke Europas abzusichern, um den ungehinderten Versorgungsfluß über See zu gewährleisten und auch die Kräfte der größeren Bündnismarinen bei ihren atlantikweiten Aufgaben zu entlasten. Während der Beitrag der Deutschen Marine im Ostseeraum eher Aufgaben in der Abwehr von Angriffen auf die Küsten beinhaltet, sind in der Nordsee und den angrenzenden Gewässern im wesentlichen groß angelegte Einsätze für einen vielfältigen Schutz der Schiffahrt und der Zufahrten gefordert. Hierzu steuert die Deutsche Marine folgende Aufgaben bei:

- Schutz und Sicherung der Handelsschiffahrt gegen Übergriffe und schließlich gegen U-Boote, Luft- und Überwasserangriffe im Skagerrak und in der Nordsee
- Freihalten der Seewege und Zufahrten zu Reeden und Häfen an der deutschen und dänischen Nordseeküste von Minen und anderen Sperren
- Leiten der deutschen und alliierten Handelsschiffahrt zu den Häfen der Nordseeküste und Unterstützen bei der Verteilung der Ladung, die zur Sicherstellung der Versorgung und Verstärkung des Bündnisraumes in Nordeuropa von Bedeutung ist.

Bei Bedarf aufgrund einer sicherheitsgefährdenden Lageentwicklung und Verfügbarkeit von Kräften hat die Deutsche Marine auch darauf vorbereitet zu sein, ihre für die Sicherung der Schiffahrt geeigneten Einheiten der NATO für entsprechende Aufgaben in den über die Nordsee hinausgehenden Seegebieten zur Verfügung zu stellen. Diese Aufgabe wird dann zutreffen, wenn die anderen Marinen des Bündnisses bei sich plötzlich bildenden Schwerpunkten unterstützt oder entlastet werden müssen oder unmittelbare Hilfe für die maritime Verteidigung der Nachbarländer an der Nordflanke Europas erforderlich wird.
Das atlantische Bündnis hat sich auf die Verteidigungsaufgaben an den Schlüsselpositionen der europäischen Nordflanke eingehend eingestellt und vorbereitet. So liegt in Kolsaas bei Oslo das NATO-Hauptquartier der Alliierten Streitkräfte Europa-Nord, dem entsprechende Alliierte Seebefehlshaber für die maritimen Verteidigungsaufgaben in diesem Bereich zur Verfügung stehen. Die dem Bündnis zur Verfügung gestellten Kräfte der Deutschen Marine werden im Verteidigungsfall dann von dem Befehlshaber der Alliierten Seestreitkräfte der Ostseezugänge von seinem Hauptquartier in Dänemark geführt.
Bei einem zusammenfassenden Blick auf die Aufgaben der Deutschen Marine für die Sicherheit und den Frieden der Bundesrepublik Deutschland darf nicht vergessen werden, daß der tägliche Dienst der Besatzungen der deutschen Schiffe und Marineluftfahrzeuge den Menschen der Nationen des Warschauer Paktes und auch den in der Allianz verbundenen Völkern die Bereitschaft vergegenwärtigt, stets für die Erhaltung der Sicherheit und des Friedens einzutreten. Zahlreiche Auslandsreisen von Einheiten der Deutschen Flotte, in erster Linie das Schulschiff DEUTSCHLAND, aber auch das Segelschulschiff GORCH FOCK verkünden diese Botschaft. Dazu gehört auch das Vorzeigen und Vorführen der Fähigkeit zum Ausüben von Präsenz, das einfache Anwesendsein auf den Meeren. Die Deutsche Marine hat außerdem wichtigen Anteil an den Leistungen im Such- und Rettungsdienst über See, insbesondere mit ihren Hubschraubern. Sie unterstützt damit die Deutsche Gesellschaft zur Rettung Schiffbrüchiger in ihren Aufgaben. Zunehmend werden die deutschen Marineeinheiten auch am Umweltschutz beteiligt. So werden die Anstrengungen der Bundesrepublik und ihrer Länder auf diesem lebenswichtigen Gebiet von der Deutschen Marine unterstützt und ergänzt.

Die ausgewogene Flotte

Alte Lebensweisheit ist, nicht immer alles in eine Waagschale zu werfen. Das gilt auch für die Ausrüstung und Zusammensetzung einer Flotte. Übergewichte können zwar Mängel zudecken oder ausgleichen, sie aber auch im Gebrauch und bei Beanspruchungen zum Nachteil des Nutzers werden lassen. Der Seemann weiß das. Die See und das Luftmeer mit den Unberechenbarkeiten wie Wetter, Strömungen, Seegang, Untiefen und unterschiedlichen Küstengliederungen muß aber von ihm genutzt und gemeistert werden. Denn immer noch bietet die See kostengünstige Transportwege für Massengüter und Rohstoffe sowie schließlich auch für militärisches Gerät und Truppen. Daher wird bei Machtausübung eines oder mehrerer Staaten versucht werden, den sich zur Wehr setzenden Staaten den Nutzen der See zu erhalten, besonders dann, wenn die von der Gewaltanwendung betroffene Partei von den Transportwegen der See abhängig ist. See und Seeräume bieten zahlreiche und vielfältige sowie auch unterschiedlichen Lagen anpaßbare Möglichkeiten der Gewaltanwendung. So können unter der Wasseroberfläche und auf dem Meeresboden Mittel zum Angriff und zur Verteidigung bewegt und stationiert werden, die ein Angreifender zum Erreichen seiner Ziele ausnutzen kann und den Verteidiger zu einer entsprechenden Gegenwehr zwingt, um sich durchzusetzen und zu überleben. U-Boote, Minen, Torpedos und vielseitige Unterwassergeschosse, aber auch Schallausbreitungsgeräte zum Orten und zur Datengewinnung können unter der Meeresoberfläche zur Anwendung kommen. Überwasserstreitkräfte sind ganz besonders den unterschiedlichen Wetterlagen und Seeverhältnissen ausgesetzt. Sie müssen daher ausgeprägte Standkraft und erträgliche Wohnlichkeit für die Besatzungen haben. Überwasserwaffen müssen möglichst über den natürlichen Horizont hinaus wirken können. Dazu sind weitreichende elektronische Ortungsmittel erforderlich. Gleiche Bedingungen gelten für die Abwehr von Angriffen aus der Luft. Schließlich kann der Luftraum über der See, praktisch das Luftmeer, für die Aufklärung, Anwendung elektronischer Ausstrahlungen, deren Feststellung und Ortung sowie für den Waffeneinsatz von einem Angreifer und Verteidiger gegen den Seeverkehr und seinen Schutz genutzt werden.

Alle diese zahlreichen und voneinander unterschiedlichen Gegebenheiten und Bedingungen müssen im Flottenbau berücksichtigt und unter Ausnutzung der technischen Möglichkeiten so zusammengeführt werden, daß eine zur Verteidigung der Seeräume und Seewege fähige und schlagkräftige Flotte zur Verfügung steht. Kern solcher Flotte sind nach wie vor technisch zweckmäßige Waffenplattformen, die ihre Aufgaben erfüllen und wirtschaftlich wie in ihrer Bedienung praktisch und einfach betrieben werden können. Zu leicht entsteht dabei der Ruf nach einer Universalplattform. Dieses Ziel wird mit praktischen Lösungen nur selten erreicht, wenn auch mit dem Typ der Fregatten die Zusammenfassung der Systeme zur Ortung und Abwehr von U-Booten und zur Bekämpfung von Luft- und Überwasserzielen auf einer Schiffsplattform in nahezu idealer Art und Weise gelungen ist. Hiermit steht ein in sich ausgewogenes Kriegsschiff zur Verfügung. Die Antwort auf die Forderung nach einer ausgewogenen Flotte, die allen in ihrem Operationsraum gegebenen Aufgaben und vorherrschenden Bedingungen gerecht wird, ist jedoch die Artenvielfalt. Verschiedene Waffenträger, die sich einander ergänzen, einzeln oder zusammengefaßt oder auch in Kombination mit Unterstützung von entsprechend ausgerüsteten Versorgungsfahrzeugen operieren können, bestimmen schließlich Qualität und Ausgewogenheit einer Flotte. So verfolgt auch die Deutsche Marine das Prinzip der Zusammenfassung ihrer Waffensysteme in einer ausgewogenen Flotte.

Ihren Aufgaben folgend bilden Fregatten, Zerstörer und Seeraumüberwachungs- und U-Jagdflugzeuge mit großer Reichweite den Kern der deutschen Flotte. Dem Bedarf der Schiffe entsprechend wird ihre Versorgung in See mit Betriebsstoffen, Ersatzteilen, Verpflegung und Munition mit Versorgungsschiffen sichergestellt.

Fregatten und Zerstörer verfügen mit einer Kombination von Waffensystemen über Fähigkeiten zur Ortung und Bekämpfung von U-Booten wie zur Abwehr von Luft- und Überwasserangriffen. Sie sind mit elektronischer Datenübermittlung miteinander verflochten und zeichnen sich damit durch hervorragende Reaktionsfähigkeit aus. Die bordgestützten Hubschrauber der Fregatten steigern ihre Fähigkeiten sowohl in der U-Jagd als auch in der Zielortung über den natürlichen und elektronischen Horizont der Schiffssensoren hinaus. Diese see- und luftgestützten Plattformen eignen sich besonders zu weitreichender Aufklärung zum Schutz und zur Sicherung der Schiffahrt in den ausgedehnten Seegebieten Nordeuropas.

Kleine und schwer zu ortende U-Boote mit gelenkten Torpedos und Minen zuammen mit schnellen Kampfflugzeugen bilden das Abwehrpotential gegen Übergriffe auf die Küsten und Inseln der Ostseezugänge. Sie können bereits in der Tiefe des Ostseeraumes amphibische Schiffseinheiten und den Nachschubverkehr angreifen.
Schnellboote mit Flugkörpern, gelenkten Torpedos und Schnellfeuerwaffen ergänzen das Abwehrpotential im Küstenvorfeld der Ostseezugänge. Zur Erhöhung ihrer Zielgenauigkeit und Ausnutzung ihrer Reaktionsfähigkeit operieren sie in Verbindung mit Hubschraubern. Für Versorgung, Reparaturen und Ruhe der Besatzungen verfügen die Schnellboote über Tender. Zahlreiche und vielfältig ausgerüstete Minenabwehrfahrzeuge mit technisch gut ausgerüsteten Ortungs- und Räumgeräten können das Freihalten der Seewege insbesondere in der Deutschen Bucht durchführen. Bei Bedarf können diese Boote auch Minen legen, um Durchfahrten und Zugänge in den Meerengen zu verhindern. Auch diese Fahrzeuge verfügen zu ihrer Unterstützung über Tender.
Eine Reihe von Landungsbooten mit geringem Tiefgang eignen sich für eine Vielfalt von Aufgaben im Küstenvorfeld und in der Inselwelt der Ostsee. Sie ermöglichen schnelle Verbringung von Truppen und Gerät, wie auch Transport von Versorgungsgütern und Reparatureinrichtungen. Sie können auch zum Minenlegen in den Strandzonen eingesetzt werden.
Der Leser wird in diesem Buch in den nachfolgenden technischen Tabellen zu den einzelnen Schiffs- und Bootstypen und Klassen, wie auch über die Luftfahrzeuge der Marine unterrichtet und kann sich ein umfassendes Bild über die Artenvielfalt und Fähigkeiten der Deutschen Flotte verschaffen.

Gliederung und Organisation

Der erste Admiral in der Deutschen Marine ist der Inspekteur der Marine. Mit dem Führungsstab der Marine im Verteidigungsministerium in Bonn ist der Inspekteur dem Bundesminister der Verteidigung verantwortlich für alle Belange der Marine, wozu in erster Linie die Einsatzbereitschaft seiner Teilstreitkraft gehört. Zum Erreichen dieses Zieles stehen ihm das Flottenkommando, das Marineamt und das Marineunterstützungskommando mit ihren höheren Kommandeuren zur Verfügung.
Die Führung aller in der Deutschen Flotte zusammengefaßten See- und Seeluftstreitkräfte liegt in der Hand des Befehlshabers der Flotte mit dem Flottenkommando. Der Sitz seines Marinehauptquartiers ist Glücksburg an der Ostsee. Zugleich ist er ein Seebefehlshaber der NATO und erfüllt damit den Bündnisauftrag der Deutschen Marine, indem er sich und seine von ihm im Einsatz geführten Einheiten der Flotte der militärischen Führung des Bündnisses im NATO-Befehlsbereich Nordeuropa unterstellt. Für den Bereich der Nordsee unterstützt ihn der Befehlshaber der Seestreitkräfte der Nordsee (BSN) mit Sitz in Wilhelmshaven-Sengwarden. Er führt den Einsatz im Auftrag des Befehlshabers der Flotte und ist in gleicher Weise NATO-Befehlshaber in seinem Kommandobereich. Diese für die operative Führung der deutschen See- und Seeluftstreitkräfte geschaffene Organisationsform ermöglicht der Deutschen Marine, ihren Bündnisauftrag in besonders wirkungsvoller Weise zu erfüllen. Schließlich ist das Flottenkommando über die Aufgaben der operativen Führung hinaus dem Inspekteur der Marine verantwortlich für die truppendienstliche Führung aller in der Flotte zusammengefaßten Seeleute wie Flieger und für die Einsatzausbildung der Einheiten der Flotte. Diese Ausbildung ist ein wesentlicher Bestandteil der Bewertung der Einsatzbereitschaft, die letzten Endes Wert und Gewicht der Deutschen Marine im Atlantischen Bündnis ausmacht. Erfordernisse des Truppendienstes mit Truppennähe, wie auch der Einsatzausbildung sind es dann auch, daß die Flotteneinheiten dem Schiffs- und Bootstyp entsprechend in Typkommandos zusammengefaßt und gegliedert sind. Für die Seestreitkräfte führen diese Typkommandos die Bezeichnung Flottillen, für die Seeluftstreitkräfte ist das Typkommando die Marinefliegerdivision. Zur Vertiefung der Einsatzausbildung und Entwicklung sowie zur Erprobung von Taktiken steht dem Flottenkommando eine Seetaktische Lehrgruppe zur Verfügung. Die vom Heer bekannten sogenannten »Sandkastenübungen« werden hier inzwischen mit elektronischen Darstellungsmethoden und elektronischer Datenverarbeitung geübt und verfeinert, bevor sie bei den Übungen der Flotte in See praktisch zur Anwendung kommen. Natürlich ist eine reaktionsschnelle und alle Bereiche der Marine erfassende Führung heutzutage nahezu unmöglich ohne moderne Informations- und Fernmeldetechnik. Für die Bereitstellung und das Funktionieren dieser Führungsmittel ist deshalb eine ent-

sprechende Einrichtung geschaffen worden, die in der Reihe der Typkommandos als Marineführungsdienstkommando bezeichnet wird. Zusammengefaßt unterstehen dem Flottenkommando mit einer Geophysikalischen Meßstelle neun Typkommandos:
- die Marinefliegerdivision
- die Zerstörerflottille
- die Schnellbootflottille
- die Flottille der Minenstreitkräfte
- die U-Bootflottille
- die Versorgungsflottille
- die Amphibische Gruppe
- die Seetaktische Lehrgruppe
- das Marineführungsdienstkommando

Dementsprechend sind die in diesem Buch dargestellten einzelnen Schiffs- und Flugzeugtypen ihren Heimatkommandos zugeordnet.

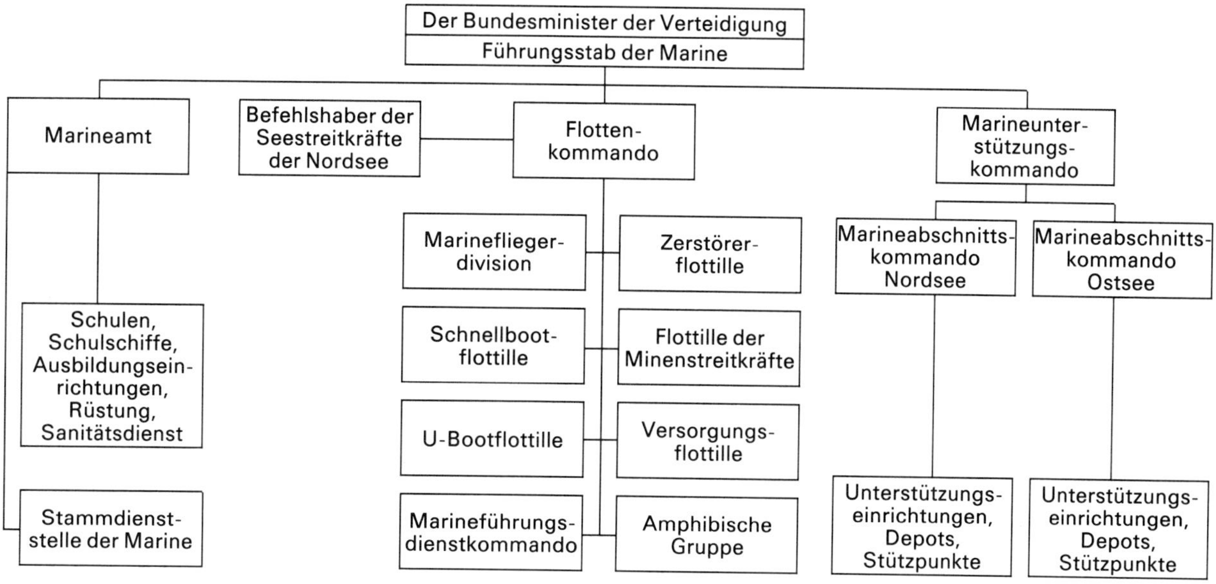

Nun gehört zur Erlangung und Erhaltung der Einsatzbereitschaft der Flotte viel mehr als das, was das Flottenkommando allein leisten kann. So muß die Bemannung der Schiffe und Flugzeuge sichergestellt, die grundlegende Ausbildung durchgeführt, die Ausrüstung, Instandsetzung und Reparatur bewerkstelligt sowie der Sanitätsdienst für die Gesunderhaltung des Seemannes und Fliegers bereitgestellt werden. Wie schon gesagt, gehen dem Inspekteur der Marine und dem Befehlshaber der Flotte zur Unterstützung für diese Aufgaben zwei weitere höhere Kommandobehörden zur Hand.

Das Marineamt in Wilhelmshaven mit dem Amtschef an der Spitze sorgt mit den Schulen der Marine für die zeitgemäße und zeitgerechte Ausbildung und berufliche Förderung des Marinepersonals. Zu den Schulen gehört auch die Marineschule Mürwik in Flensburg, an der die Offizieranwärter der Deutschen Marine ausgebildet werden. Die Marineschule Mürwik feierte im September 1985 ihr 75. Bestehen. Für die praktische Ergänzung der Schulausbildung verfügt der Amtschef über das Schulschiff DEUTSCHLAND und das Segelschulschiff GORCH FOCK. Auch die grundlegenden Arbeiten der Marinerüstung werden von einer entsprechenden Abteilung des Marineamtes geleistet. Für den Sanitätsdienst und seine Besonderheiten in der Marine ist der Admiralarzt im Marineamt dem Amtschef verantwortlich.

Das Marineunterstützungskommando bildet die dritte Säule in der Reihe der höheren Kommandobehörden der Marine. Jegliche materielle Unterstützung der Flotte wie Instandhaltung und Reparaturen des Schiffs- und Geräteparks und der Waffensysteme, Versorgung mit Ersatzteilen, Bevorratungen in vielseitigen Depotlagerungen und Führen der Stützpunkte der Flotteneinheiten ist die umfangreiche Aufgabe und Verantwortung des Kommandeurs des Marineunterstützungskommandos in Wilhelms-

haven. Die Instandsetzungs- und Reparaturarbeiten werden mit Hilfe der Marinearsenale mit zivilen Arbeitnehmern in Wilhelmshaven und Kiel bewältigt, wobei bis hin zu Großaufträgen die deutschen Werften und zahlreiche Zulieferbetriebe unter Vertrag genommen werden.
Umfang und Vielseitigkeit der hier beschriebenen Aufgaben zeigen, was alles für die Marine und die Flotte geleistet werden muß, um die Deutsche Marine leistungsfähig und auf dem modernsten Stand der Technik zu halten. Auch kann ermessen werden, welche Leistungen von der Industrie und ihren technischen Entwicklungen erwartet werden müssen. Schließlich aber erfordert das Betreiben einer modernen Marine auch eine hohe Beanspruchung der Volkswirtschaft der Bundesrepublik Deutschland. Doch ihrem Auftrag folgend, die Freiheit und den Frieden zu wahren, sollte die Deutsche Marine jeden Preis wert sein.

Schiffe und Flugzeuge

Bilder und Tabellen

Zerstörerflottille

Zerstörer US Fletcher-Klasse (Klasse 119)

Typ/Klasse/Name Kennung	Bau-zeit	ts	Lg	B	T	Antrieb	PS kn	Fahr-st./kn	Bewaffnung	Bes	Werft	Bemerkungen
Zerstörer US Fletcher-Klasse Kl. 119												
Z 1 (D 170) (ex USS DD 515) **Z 2** (D 171) (ex USS DD 500) **Z 3** (D 172) (ex USS DD 516) **Z 4** (D 178) (ex USS DD 571) **Z 5** (D 179) (ex USS DD 572) **Z 6** (D 180) (ex USS DD 570)	1941/43	2050 2750	115	12	4,2	GE-Tu 4 Babcock-Ke	60000 35	3450 15	4-127 mm 6-76 mm II 5 TR-533 mm 2 UTR-533 mm 2 Hedgehog 100 M	280	Z 1, Z 3 Bath Iron Works Z 2, Z 4 Federal Kearny Z 5, Z 6 Consolidated Orange	ab 1958/60 i. D., deutsche Marine

1 *1959 – Zerstörer **Z 1**, nach Übernahme (ex USS Anthony, DD 515), 1958 i. D. 1. Zerstörergeschwader Flensburg*

2 *1968 – Zerstörer* ***Z 1,*** *nach Umbau 1967/68, 1972 a. D., V/79 als Zielschiff bei Kreta versenkt*
3 *1976 – Zerstörer* ***Z 2*** *(ex USS Ringgold, DD 500), 1959 i. D. 1. Zerstörergeschwader Flensburg, ab 1969 3. Zerstörergeschwader Kiel, 1981 a. D., an Griechenland abgegeben*

4 *1975 – Zerstörer* ***Z 3*** *(ex USS Wadsworth, DD 516), 1959 i. D. 1. Zerstörergeschwader Flensburg, ab 1971 3. Zerstörergeschwader Kiel, 1980 a. D., an Griechenland*

5 *1973 – Zerstörer* ***Z 4*** *(ex USS Claxton, DD 571), 1959 i. D. 3. Zerstörergeschwader Kiel, 1981 a. D., an Griechenland*

6 *1974 – Zerstörer* ***Z 5*** *(ex USS Dyson, DD 572), 1960 i. D. 3. Zerstörergeschwader Kiel, 1982 a. D., an Griechenland*
7 *1962 – Zerstörer* ***Z 6*** *(ex USS Charles Ausburne, DD 570), 1960 i. D. 3. Zerstörergeschwader Kiel, 1967 a. D., abgebrochen*

Zerstörerflottille

Zerstörer Hamburg-Klasse (Klasse 101/101A)

Typ/Klasse/Name Kennung	Bauzeit	ts	Lg	B	T	Antrieb	PS kn	Fahrst./kn	Bewaffnung	Bes	Werft	Bemerkungen
Zerstörer/Flugkörper-Zerstörer Hamburg-Klasse Kl. 101/101 A												
Hamburg (D 181) **Schleswig-Holstein** (D 182) **Bayern** (D 183) **Hessen** (D 184)	1959/68	3340 4330	134	13,4	5,2	2 Wahodag-Tu 4 Wahodag-Ke	68000 35	6000 13	4-MM 38 3-100 mm 8-40 mm II 4 UTR-533 mm 2 UJW-375 mm IIII 90 M	280	Stülcken, Hamburg	Umbau 1974/76 z. FK-Zerstörer Kl. 101 A

8 *1964 – Zerstörer* ***Hamburg,*** *1964 i. D. 2. Zerstörergeschwader Wilhelmshaven*

9 *1976 – Zerstörer* ***Hamburg,*** *nach Umbau 1975/76*
10 *1984 – Zerstörer* ***Hamburg,*** *nach Umbau 1978*

11 *1964 – Zerstörer* ***Schleswig-Holstein,*** *1964 i. D. 2. Zerstörergeschwader Wilhelmshaven*
12 *1983 – Zerstörer* ***Schleswig-Holstein,*** *nach Umbau 1979. 2. Zerstörergeschwader Wilhelmshaven*

13 *1965 – Zerstörer* ***Bayern,*** *1965 i. D. 2. Zerstörergeschwader Wilhelmshaven*
14 *1980 – Zerstörer* ***Bayern,*** *nach Umbau 1979*

15 *1969 – Zerstörer* ***Hessen,*** *1968 i. D. 2. Zerstörergeschwader Wilhelmshaven*
16 *1982 – Zerstörer* ***Hessen,*** *nach Umbau 1978*

Zerstörerflottille

Flugkörper – Zerstörer US Charles F. Adams-Klasse (Klasse 103/103A/103B)

Typ/Klasse/Name Kennung	Bau-zeit	ts	Lg	B	T	Antrieb	PS kn	Fahr-st./kn	Bewaffnung	Bes	Werft	Bemerkungen
Flugkörper - Zerstörer US Charles F. Adams-Klasse Kl. 103/103 A/103 B												
Lütjens (D 185) **Mölders** (D 186) **Rommel** (D 187)	1966/70	3370 4330	134	14,3	6,1	2 GE-Tu 4 Wr-Ke	70000 36	4500 20	1 Standard I 2-127 mm 6 UTR-324 mm III 1 ASROC	337	Bath Iron Works	Kl. 103 A Umbau 1982/86 zur Kl. 103 B (u. a. Seeziel-FK Harpoon u. 2 RAM)

17 *1971 – Zerstörer* ***Lütjens,*** *1969 i. D. 1. Zerstörergeschwader Kiel*

18 *1970 – Zerstörer* ***Lütjens,*** *vor Umbau 1985/86*
19 *1970 – Zerstörer* ***Mölders,*** *1969 i. D. 1. Zerstörergeschwader Kiel*

20 *1971 – Zerstörer* ***Mölders,*** *vor Umbau 1982/84*
21 *1971 – Zerstörer* ***Rommel,*** *1970 i. D. 1. Zerstörergeschwader Kiel*

22 *1985 – Zerstörer* ***Rommel,*** *nach Umbau 1984 (jetzt Kl. 103 B)*
23 *1971 – DDG in Dwarsformation, vorn Zerstörer* ***Lütjens***

Zerstörerflottille

Fregatten Köln-Klasse (Klasse 120)

Typ/Klasse/Name Kennung	Bau-zeit	ts	Lg	B	T	Antrieb	PS kn	Fahr-st./kn	Bewaffnung	Bes	Werft	Bemerkungen
Fregatten Köln-Klasse Kl. 120												
Köln (F 220) **Emden** (F 221) **Augsburg** (F 222) **Karlsruhe** (F 223) **Lübeck** (F 224) **Braunschweig** (F 225)	1957/64	2090 2700	110	11	3,4	BBC-GTu + 4 MAN-DM CODAG	24 000 + 12 000 30	2700 22	2-100 mm 6-40 mm II II I I 4 UTR-533 mm 2 UJW-375 mm IIII 82 M	200	Stülcken, Hamburg	

24 *1969 – Fregatte **Köln**, 1961 i. D. 2. Geleitgeschwader Wilhelmshaven, 1982 a. D.*

25 *1975 – Fregatte* ***Emden,*** *1983 a. D., an die Türkei abgegeben*

26 *1975 – Fregatte* ***Emden,*** *1961 i. D. 2. Geleitgeschwader Wilhelmshaven, 1968 Flottendienstgeschwader, 1974 2. Geleitgeschwader*
27 *1962 – Fregatte* ***Augsburg,*** *1962 i. D. 2. Geleitgeschwader Wilhelmshaven*

28 *1973 – Fregatte* ***Karlsruhe,*** *1962 i. D. 2. Geleitgeschwader Wilhelmshaven, 1968 Flottendienstgeschwader, 1973 2. Geleitgeschwader, 1983 a. D., an die Türkei*
29 *1975 – Fregatte* ***Lübeck,*** *1963 i. D. 2. Geleitgeschwader Wilhelmshaven*

30 *1964 – Fregatte* ***Braunschweig,*** *1964 i. D. 2. Geleitgeschwader Wilhelmshaven*
31 *1976 – Drei Schiffe des 2. Geleitgeschwaders, von vorn* ***Emden, Karlsruhe, Lübeck***

Zerstörerflottille

Flugkörper – Fregatten Bremen-Klasse (Klasse 122)

Typ/Klasse/Name Kennung	Bau-zeit	ts	Lg	B	T	Antrieb	PS kn	Fahr-st./kn	Bewaffnung	Bes	Werft	Bemerkungen
Flugkörper - Fregatten Bremen-Klasse Kl. 122												
Bremen (F 207)	1979/84	3000	130	14,5	6,0	2 GE-GTu	52 000	4000	2-Harpoon IIII	204	Bremer Vulkan	
Niedersachsen (F 208)		3800				2 MTU-DM	10 000	18	1 Sea		AG Weser, Bremen	
Rheinland-Pfalz (F 209)						CODOG	30		Sparrow IIII IIII		Howaldt, Kiel	
Emden (F 210)									1-76 mm		Nordseewerke, Emden	
Köln (F 211)									2 RAM		Blohm u. Voß, Hamburg	
Karlsruhe (F 212)									4 UTR-324 mm		Blohm u. Voß, Hamburg	
									2 BHS Sea Lynx			

32 *1982 – Fregatte **Bremen,** Flugkörper-Fregatte, 1982 i. D. 4. Fregattengeschwader Wilhelmshaven*

33 *1983 – Fregatte* ***Niedersachsen,*** *Flugkörper-Fregatte, 1982 i. D. 4. Fregattengeschwader Wilhelmshaven*
34 *1983 – Fregatte* ***Rheinland-Pfalz,*** *Flugkörper-Fregatte, 1983 i. D. 4. Fregattengeschwader Wilhelmshaven*

35 *1983 – Fregatte* ***Rheinland-Pfalz***

36 *1984 – Fregatte* ***Rheinland-Pfalz,*** *mit Bordhubschrauber Sea Lynx Mk 88*
37 *1984 – Fregatte* ***Emden,*** *Flugkörper-Fregatte, 1983 i. D. 4. Fregattengeschwader Wilhelmshaven*

38 *1983 – Fregatte* ***Rheinland-Pfalz***

39 *1984 – Fregatte* ***Köln,*** *Flugkörper-Fregatte, 1984 i. D. 4. Fregattengeschwader Wilhelmshaven*
40 *1985 – Fregatte* ***Karlsruhe,*** *Flugkörper-Fregatte, 1984 i. D. 4. Fregattengeschwader Wilhelmshaven*

Zerstörerflottille

U-Jagdboote Thetis-Klasse (Klasse 420)

Typ/Klasse/Name Kennung	Bau-zeit	ts	Lg	B	T	Antrieb	PS kn	Fahr-st./kn	Bewaffnung	Bes	Werft	Bemerkungen
U-Jagdboote Thetis-Klasse Kl. 420												
Thetis (P 6052)	1959/63	575	70	8,2	2,7	2 MAN-DM	6800	2800	2-40 mm II	68	Rolandwerft,	Ursprüngliche Bezeich-
Hermes (P 6053)		658					23	15	4 UTR-533 mm		Bremen	nung Torpedofang-
Najade (P 6054) Anbau auf Vorschiff unterhalb Brücke: Schiffslazarett									1 UJW-			boot, später Flotten-
Triton (P 6055)									375 mm IIII			dienstboot, seit 1974
Theseus (P 6056)												U-Jagdboot

41 *1975 – U-Jagdboot **Thetis,** 1961 i. D. Flottendienstgeschwader Flensburg*

42 *1975 – U-Jagdboot* ***Hermes,*** *1961 i. D. Flottendienstgeschwader Flensburg*
43 *1975 – U-Jagdboot* ***Najade,*** *1962 i. D. Flottendienstgeschwader Flensburg*

44 *1975 – U-Jagdboot* ***Triton,*** *1962 i. D. Flottendienstgeschwader Flensburg*
45 *1975 – U-Jagdboot* ***Theseus,*** *1963 i. D. Flottendienstgeschwader Flensburg*

Schnellbootflottille

Typ/Klasse/Name Kennung	Bau- zeit	ts	Lg	B	T	Antrieb	PS kn	Fahr- st./kn	Bewaffnung	Bes	Werft	Bemerkungen
Schnellboote **Kl. 149**												
Silbermöwe (P 6052)	1951/57	109 155	35,4	5,1	1,8	3 MB-DM	9000 43	265 40	4-20 mm II 2 TR-533 mm	19	Lürssen, Vegesack	I-V 1967 a. D. VI s. Wilhelm Laudahn
Sturmmöwe (P 6053), **Wildschwan** (P 6054), **Eismöwe** (P 6055), **Raubmöwe** (P 6056), **Seeschwalbe** (P 6057)												
Kl. 152												
Hugin (P 6191) **Munin** (P 6192)	1959/60	64 75	24,5	7,5	1,1	2 Napier- Deltic-DM	6200 41	450 40	1 bzw. 2-40 mm 4 TR-533 mm	17	Westermoen Mandal/Norw.	Norw. Typ Nasty, 1964 a. D.
Kl. 153												
Pfeil (P 6193)	1960/62	96 102	29,3	7,6	2,1	3 Bristol- Siddeley-GTu	10500 50	460 50	2-40 mm 4 TA-533 mm	20	Vosper- Thornycroft,	Brit. Typ Brave, 1965 a. D.
Strahl (P 6194)	1961/62	75 80	27,6	6,7	1,9	2 Bristol- Siddeley-GTu + 2 DM 300 PS/10 kn	8500 54	400 40	2-40 mm 4 TA-533 mm	16	Portsmouth/ England	Brit. Typ Ferocity, 1965 a. D.
Kl. 140												
Iltis (P 6058)	1956/61	180 210	42,5	7,0	2,2	4 MB-DM	12000 43	1000 32	2-40 mm 4 TR-533 mm	39	I-V, VIII-XII, XIV, XVI-XX: Lürssen, Vegesack VI, VII, XIII, XV: Kröger, Rendsburg	1972/75 a. D.
Jaguar (P 6059), **Leopard** (P 6060), **Luchs** (P 6061), **Wolf** (6062), **Tiger** (P 6063), **Panther** (P 6064), **Löwe** (P 6065), **Fuchs** (6066), **Marder** (P 6067), **Weihe** (P 6082), **Kranich** (P 6083), **Alk** (P 6084), **Storch** (P 6085), **Pelikan** (P 6086), **Häher** (P 6087), **Elster** (P 6088), **Reiher** (P 6089), **Pinguin** (P 6090), **Dommel** (P 6091)												
Kl. 141												
Seeadler (P 6068)	1957/59	190 225	42,5	7,0	2,3	4 Maybach- DM	14400 43,5	1000 32	2-40 mm 4 TR-533 mm	39	I-VI: Lürssen, Vegesack VII-X: Kröger, Rendsburg	1975/76 a. D.
Albatros (P 6069), **Kondor** (P 6070), **Greif** (P 6071), **Falke** (P 6072), **Geier** (P 6073), **Bussard** (P 6074), **Habicht** (P 6075), **Sperber** (P 6076), **Kormoran** (P 6077)												
Kl. 142												
Zobel (P 6092)	1960/63	210 235	42,5	7,0	2,4	4 MB-DM	12000 43	1000 32	2-40 mm 2 TR-533 mm DT	39	I-III, V, VII, IX, X: Lürssen, Vegesack IV, VI, VIII: Kröger, Rendsburg	1982/84 a. D.
Wiesel (P 6093), **Dachs** (P 6094), **Hermelin** (P 6095), **Nerz** (P 6096), **Puma** (P 6097), **Gepard** (P 6098), **Hyäne** (P 6099), **Frettchen** (P 6100), **Ozelot** (P 6101)												
Flugkörper-Schnellboote **Kl. 148**												
Tiger (P 6141)	1971/75	234 265	47	7,0	2,7	4 MTU-DM	14400 38	600 30	4-MM 38 1-76 mm 1-40 mm, M	30	CMN, Cherbourg VI, VIII, X, XII, XIV, XVI, XVIII, XX: Fertigstellung bei Lürssen, Vegesack	
Iltis (P 6142), **Luchs** (P 6143), **Marder** (P 6144), **Leopard** (P 6145), **Fuchs** (6146), **Jaguar** (P 6147), **Löwe** (P 6148), **Wolf** (P 6149), **Panther** (P 6150), **Häher** (P 6151), **Storch** (P 6152), **Pelikan** (P 6153), **Elster** (P 6154), **Alk** (P 6155), **Dommel** (P 6156), **Weihe** (P 6157), **Pinguin** (P 6158), **Reiher** (P 6159), **Kranich** (P 6160)												
Kl. 143												
Albatros (P 6161)	1972/77	380 398	57,6	7,8	2,6	4 MTU-DM	18000 38	600 33	4-MM 38 2-76 mm 2 TR-533 mm DT	40	I-IV, VI, VIII, X: Lürssen, Vegesack V, VII, IX: Kröger, Rendsburg	achtere 76 mm u. TR werden durch RAM ersetzt
Falke (P 6162), **Geier** (P 6163), **Bussard** (P 6164), **Sperber** (P 6165), **Greif** (P 6166), **Kondor** (P 6167), **Seeadler** (P 6168), **Habicht** (P 6169), **Kormoran** (P 6170)												
Kl. 143 A												
Gepard (P 6171)	1979/84	375 390	57,6	7,8	2,6	4 MTU-DM	18000 40	600 33	4-MM 38 1-76 mm 1-RAM, M	34	I, II, IV, VI, VIII-X: Lürssen, Vegesack III, V, VII: Kröger, Rendsburg	
Puma (P 6172), **Hermelin** (P 6173), **Nerz** (P 6174), **Zobel** (P 6175), **Frettchen** (P 6176), **Dachs** (P 6177), **Ozelot** (P 6178), **Wiesel** (P 6179), **Hyäne** (P 6180)												
Tender Kl. 401 Kl. 401 C												Tender für:
Donau (A 69) Kl. 401	1959/64	2370 2740	98,2	11,8	3,9	6 Maybach- DM	12600 20	1625 15	2-100 mm 4-40 mm 70 M	122	Schlichting, Tr.	2. SGeschwader
Rhein (A 58) Kl. 401	1958/61										Schlieker, Hbg.	3. SGeschwader
Main (63) Kl. 401	1959/63										Lindenau, Kiel	5. SGeschwader
Elbe (A 61) Kl. 401 C	1959/62										Schlieker, Hbg.	7. SGeschwader
Neckar (A 66) Kl. 401 D	1960/63										Lürssen, Vegesack	7. SGeschwader

46 *1961 – S-Boot* ***Sturmmöwe,*** *als Sicherungsboot für den BGS (See) gebaut, Baustopp aufgrund des Potsdamer Abkommens, 1955 Fertigstellung als Storm Gull für britische Besatzungsmacht, 1956/67 1. Schnellbootgeschwader Kiel, 1968 an Griechenland abgegeben*
47 *1961 – S-Boot* ***Hugin,*** *norwegischer Typ Nasty, 1960/64 1. Schnellbootgeschwader Kiel, an Türkei abgegeben*

48 *1961 – S-Boot* ***Hugin,*** *hier ohne Flak*
49 *1961 – S-Boot* ***Munin,*** *norw. Typ Nasty, 1960/64 1. Schnellbootgeschwader Kiel, an Türkei abgegeben*

50 *1965 – S-Boot* ***Pfeil,*** *brit. Typ Ferocity, Fertigstellung 1962, 1. Schnellbootgeschwader Kiel, 1965 a. D., 1967 an Griechenland*
51 *1964 – S-Boot* ***Strahl,*** *brit. Typ Brave, 1962 i. D. 1. Schnellbootgeschwader bis 1965 Kiel, 1967 an Griechenland*

52 *1959 – S-Boot* ***Kondor,*** *1959/76 2. Schnellbootgeschwader Wilhelmshaven, 1970/76 Olpenitz, 1977 an Griechenland*

53 *1968 – S-Boot* ***Geier,*** *1959/75 2. Schnellbootgeschwader Wilhelmshaven, 1970/75 Olpenitz nach Umbau: Brücke strömungsgünstiger mit Anbau nach achtern, 1976 an Griechenland abgegeben*
54 *1970 – S-Boot* ***Weihe,*** *1959/71 5. Schnellbootgeschwader Olpenitz, 1971/71 3. Schnellbootgeschwader Flensburg, 1972 a. D.*

55 *1968 – S-Boot **Wiesel,** vor Umbau, 1962/84, 7. Schnellbootgeschwader Kiel*
56 *1965 – Tender **Neckar** mit acht Schnellbooten, Klasse 142 vor Umbau, 7. Schnellbootgeschwader Kiel*

57 *1975 – S-Boot* ***Wiesel,*** *nach Umbau 1970/71, 1984 a. D.*
58 *1975 – Tender* ***Neckar,*** *links zwei FK-Schnellboote Klasse 148, rechts drei Schnellboote Klasse 142, nach Umbau*

59 *1984 – FK-Schnellboot* ***Löwe,*** *3. Schnellbootgeschwader Flensburg*

60 *1984 – FK-Schnellboot* ***Storch,*** *5. Schnellbootgeschwader Olpenitz*

61 *1976 – FK-Schnellboot* ***Bussard,*** *2. Schnellbootgeschwader Olpenitz*

62 *1983 – FK-Schnellboot Klasse 143, hohe Fahrt laufend*

63 *1983 – Tender* ***Donau*** *und 2. Schnellbootgeschwader, Klasse 143*

64 *1977 – FK-Schnellboote, Klasse 143, 2. Schnellbootgeschwader, vorn* ***Albatros*** *(P6111)*
65 *1983 – FK-Schnellboot* ***Nerz,*** *7. Schnellbootgeschwader Kiel*

66 *1975 – Tender* ***Elbe,*** *1962 i. D. 2. Schnellbootgeschwader Olpenitz*

67 *1964 – Tender* ***Donau,*** *1964 i. D., 1964/68 Schulschiff, 1970 2. Schnellbootgeschwader Olpenitz*

68 *1985 – Tender* ***Rhein,*** *1961 i. D. 3. Schnellbootgeschwader Flensburg*

69 *1971 – Tender* ***Main,*** *1963 i. D. 5. Schnellbootgeschwader Olpenitz*
70 *1985 – Tender* ***Neckar,*** *1963 i. D. 7. Schnellbootgeschwader Kiel*

U-Bootflottille

Typ/Klasse/Name/ Kennung	Bau-zeit	ts Ü/U	Lg	B	T	Antrieb	PS Ü/U	kn Ü/U	Fahr-st./kn Ü/U	Bewaffnung	Bes	Werft	Bemerkungen
U-Boote Kl. 240													
Hai (S 170) **Hecht** (S 171)	1944/45	233/275	36	3,0	3,3	1 MWM-DG 1 EM	600/600	•	1350/9 / •	2 BTR-533 mm	17	Deutsche Werft, Hamburg	ex KM Typ XXIII Hai: U 2356; Hecht U 2367
								Hai 1966 durch Unfall gesunken, gehoben u. abgebrochen					
Kl. 241													
Wilhelm Bauer (Y 880)	1944/45	1620/1820	77	6,6	6,2	2 MB-DG 2 EM	1200/1200	• / •	• / •	4 BTR-533 mm	57	Blohm & Voß, Hamburg	ex KM U 2540, Typ XXI,
												Mai 1945 versenkt, 1957 gehoben, Überholung HDW, Kiel	
Kl. 201													
U 1 (S 180) **U 2** (S 181), **U 3** (S 182)	1960/62	395/430	42,4	4,6	3,8	2 MB-DG 1 Siemens-EM	1200/1200	10/17,5	3800/6 / •	8 BTR-533 mm	21	HDW, Kiel	U 1, U 2 1963 a. D., U 3 1967 a. D.
Kl. 205													
U 4 (S 183)	1960/64	419/455	44,3	4,6	3,8	2 MB-DG 1 Siemens-EM	1200/1200	10/18	• / •	8 BTR-533 mm M	21	HDW, Kiel	1974 a. D., abgebrochen
U 5 (S 184), **U 6** (S 185), **U 7** (S 186), **U 8** (S 187)													
Kl. 205 mod.													
U 9 (S 188)	1964-69	419/455	44,3	4,6	3,8	2 MB-DG 1 Siemens-EM	1200/1200	10/18	• / •	8 BTR-533 mm M	21	HDW, Kiel	
U 10 (S 189), **U 11** (S 190), **U 12** (S 191), **U 1** (S 180), **U 2** (S 181)													
Kl. 206													
U 13 (S 192)	1969/75	450/500	48,0	4,7	4,0	2 MB-DM 1 Siemens-EM	1200/1200	10/17	4500/6 / 200/4	8 BTR-533 mm M	22	U 13, 15, 17, 19, 21, 25, 27, 29: HDW, Kiel; U 14, 16, 18, 20, 22-24, 26, 28, 30: Rheinstahl-Nordseewerke, Emden	
U 14 (S 193), **U 15** (S 194), **U 16** (S 195), **U 17** (S 196), **U 18** (S 197), **U 19** (S 198), **U 20** (S 199), **U 21** (S 170), **U 22** (S 171), **U 23** (S 172), **U 24** (S 173), **U 25** (S 174), **U 26** (S 175), **U 27** (S 176), **U 28** (S 177), **U 29** (S 178), **U 30** (S 179)													
Kl. 202													
Hans Techel (S 172) **Friedrich Schürer** (S 173)	1961/64	100/•	23,1	3,4	2,7	1 MB-DM	326/350	6/13	400/4 / •	2 BTR-533 mm	6	Atlas, Bremen	Kleine Versuchs-U-Boote, 1966 a. D.

Typ/Klasse/Name Kennung	Bau-zeit	ts	Lg	B	T	Antrieb	PS kn	Fahr-st./kn	Bewaffnung	Bes	Werft	Bemerkungen
U-Boot-Tender Kl. 403												
Lahn (A 55) **Lech** (A 56)	1961/64	2633 2886	98,6	11,8	4,0	6 Maybach-DM	13680 20	2500 16	4-40 mm M	114	Flender, Lübeck	

71 *1966 – U-Boot **Hecht** nach Umbau 1963 Klasse 240 (ex KM U 2367, Typ XIII), 1957 i. D. Unterwasserwaffenschule, U-Bootlehrgruppe Neustadt/Holst., 1968 a. D., abgebrochen*

72 *1972 – Erprobungs-U-Boot **Wilhelm Bauer** nach Umbau 1968/70 Klasse 241 (ex KM U 2540, Typ XXI), 1960 i. D. bis 1968 Unterwasserwaffenschule, 1970/80 BWB/Erprobungsstelle 71 Eckernförde, 1982 a. D., 1984 Deutsches Schiffahrtsmuseum Bremerhaven*

73 *1962 – U-Boot* ***U 1,*** *Klasse 201, 1962 i. D. 1. U-Bootgeschwader Kiel, 1966 a. D., nach Umbau 1963/65*
74 *1968 – U-Boot* ***U 3,*** *Klasse 201, 1962/64 Leihgabe an Norwegen, 1964 i. D. Schulboot U-Bootlehrgruppe Neustadt/Holstein, 1967 a. D.*

75 *1966 – U-Boot* ***U 4,*** *Klasse 205, 1962 i. D. 1. U-Bootgeschwader Kiel, später U-Bootlehrgruppe Neustadt/Holstein. 1974 a. D.*

76 *1966 – U-Boot* ***U 8,*** *Klasse 205, 1964 i. D. 1. U-Bootgeschwader Kiel, später U-Bootlehrgruppe, dann BWB Erprobungsstelle 71, 1975 a. D.*
77 *1975 – U-Boot* ***U 2,*** *Klasse 205 mod., 1966 i. D. 1. U-Bootgeschwader Kiel*

78 *1971 – U-Boot* ***U 1,*** *Klasse 205 mod., 1967 i. D. 1. U-Bootgeschwader Kiel*
79 *1975 – U-Boot* ***U 29,*** *Klasse 206, 1974 i. D. 1. U-Bootgeschwader Kiel*

80 *1966 –*
Klein-U-Boot
Friedrich Schürer,
IV/1966 i. D. BWB
Erprobungsstelle 71,
Kiel,
XII/1966 a. D.

81 *1967 – Tender*
Lahn, *1964 i. D.*
1. U-Boot-
geschwader Kiel

82 *1975 – Tender*
Lech, *1964 i. D.*
1. U-Bootgeschwader,
U-Bootlehrgruppe,
1968 a. D., 1975
wieder i. D.
3. U-Bootgeschwader
Eckernförde

Flottille der Minenstreitkräfte

Hochseeminensuchboote · Schnelle Minensuchboote (Typ R-Boot) · Küstenminensuchboote · Minenjagdboote · Hohlstablenkboote

Typ/Klasse/Name Kennung	Bauzeit	ts	Lg	B	T	Antrieb	PS kn	Fahrst./kn	Bewaffnung	Bes	Werft	Bemerkungen
Hochseeminensuchboote Kl. 319												
Seehund (SH/M 187) **Seeigel** (SE/M 188) **Seelöwe** (SL/M 189) **Seepferd** (SP/M 190) **Seestern** (ST/M 192)	1941/44	543 775	62	8,5	2,6	2 Exp + ATu, 2 Wr-Ke	2700 17	4000 10	1-76 mm 4-40 mm II II 4-20 mm	70	I Elsflether Werft II Nederl. Dok, Amsterdam III Smit, Rotterdam IV Lindenau, Memel V Rickmers, Wesermünde	I-V ex KM Typ M-Boot 40
Seeschlange (SG/M 191)	1944-45	605 821	68	9,0	2,6	„	2700 16,7	4000 10	„	80	VI Neptun, Rostock	ex KM Typ M-Boot 43 sämtlich 1960 a. D.
Schnelle Minensuchboote Kl. 359 (Typ R-Boot)												
Capella (M 1050) **Castor** (M 1051), **Mars** (M 1052), **Orion** (M 1053), **Pollux** (M 1054), **Regulus** (M 1055), **Rigel** (M 1056), **Saturn** (M 1057), **Sirius** (M 1058), **Spica** (M 1059)	1943/44	150 155	41,1	5,8	1,6	2 MAN-DM	1836 20	900 15	2-20 mm	28	Abeking u. Rasmussen, Lemwerder	ex KM Räumboote: R 133, 138, 136, 132, 140, 142, 135, 146, 144, 147. 1959/64 a. D.
Aldebaran (M 1060) **Algol** (M 1061), **Arcturus** (M 1062), **Atair** (M 1063), **Deneb** (M 1064), **Jupiter** (M 1065), **Merkur** (M 1066), **Pegasus** (M 1067), **Skorpion** (M 1068), **Wega** (M 1069) (hier Geschwzugehörigkeit; Jupiter und Merkur: techn. Daten siehe Capella) Aldebaran, Jupiter, Merkur nach weiteren Verwendungen erst 1967/70 a. D.	1939/44	125 136	37,8	5,8	1,4	2 MAN-DM	1836 20	900 15	2-20 mm z. Tl. nur 1	28	Abeking u. Rasmussen, Lemwerder	ex KM Räumboote: R 91, 99, 128, 76, 127, 137, 134, 68, 120, 67 1959/63 a. D.
Küstenminensuchboote Kl. 320/Minenjagdboote Kl. 331 A*, 331 B												
Göttingen (M 1070) **Koblenz** (M 1071), **Lindau** (M 1072), **Tübingen** (M 1074), **Wetzlar** (M 1075), **Weilheim** (M 1077), **Cuxhaven** (M 1078), **Marburg** (M 1080), **Flensburg*** (M 1084), **Minden** (M 1085), **Fulda*** (M 1086), **Völklingen** (M 1087)	1956-60	390 400	47,5	8,3	2,7	2 Maybach-DM	3940 16,5	1500 16	1-40 mm	46	Burmester, Bremen-Burg	1968/72* Umbau z. Kl. 331 A, andere 1975/79 z. Kl. 331 B
Küstenminensuchboote Kl. 320/Hohlstablenkboote Kl. 351												
Schleswig (M 1073) **Paderborn** (M 1076) **Düren** (M 1079), **Konstanz** (M 1081), **Wolfsburg** (M 1082), **Ulm** (M 1083)	1957/59	392 430	47,1	8,3	2,8	2 Maybach-DM	3400 16,5	1500 16	1-40 mm	44	Burmester, Bremen-Burg	1979/83 Umbau z. Kl. 351 (HL-Boote)
Hohlstabfernräumgeräte (HFG) Kl. 747												
Seekuh 1-3	1965/66	180	26	3,5	3,0	2 MWM-DM	700 9	•	-		Ottenser Eisenwerke, Hamburg	Versuchsgerät für Waffensystem Troika
Seehund 1-18	1979/82	99,5	27	3,5	2,1	1 MaK-DM	455 9,4	520 8,8	-	(3)	MaK, Kiel u. Blohm u. Voß, Hamburg	HFG für Troika, im Einsatz ohne Bes.
Küstenminensuchboote Kl. 321												
Vegesack (M 1250) **Hameln** (M 1251), **Detmold** (M 1252), **Worms** (M 1253), **Siegen** (M 1254), **Passau** (M 1255)	1957/60	366 388	44,0	8,3	2,1	2 MB-DM	4000 15	3000 15	2-20 mm II	40	Amiot, Cherbourg, Fr.	I-VI 1973 ausgesondert, I-V 1975 an die Türkei

83 *1959 – Hochseeminensuchboot **Seeigel** (ex KM M 460), 1956 i. D. 2. Minensuchgeschwader Wilhelmshaven, 1960 a. D., versch. Weiterverwendungen*

84 *1956 – Hochseeminensuchboot* ***Seestern*** *(ex KM M 278), 1956 i. D. 2. Minensuchgeschwader Wilhelmshaven, 1960 a. D., versch. Weiterverwendungen*
85 *1959 – Hochseeminensuchboot* ***Seeschlange*** *(ex KM M 611), 1956 i. D. 2. Minensuchgeschwader Wilhelmshaven, 1960 a. D., versch. Weiterverwendungen*

86 *1957 – Hochseeminensuchboote* ***Seepferd, Seeigel, Seeschlange***
87 *1959 – Kiel: links 2. Minensuchgeschwader, rechts 1. Geleitgeschwader, ab 1960 Schulgeschwader, vorn U-Boot* ***Hecht*** *vor Umbau*

88 *1959 – Schnelles Minensuchboot* ***Deneb*** *(ex R-Boot R 127), 1956 i. D. 3. Minensuchgeschwader Kiel, 1961 a. D.*

89 *1958 – Küstenminensuchboot* ***Lindau,*** *1. Form mit hoher Brücke, 1958 i. D. 6. Minensuchgeschwader Cuxhaven, ab 1969 Wilhelmshaven, Umbau 1978/79 zum Minenjagdboot, danach Minenabwehrgeschwader, 4. MSG Wilhelmshaven*

90 *1959 – KM-Boot* ***Wetzlar,*** *1. Form mit hoher Brücke, 1958 i. D. 6. Minensuchgeschwader Cuxhaven, 1976/78 Umbau zum Minenjagdboot, Minenabwehrgeschwader, 4. Minensuchgeschwader Wilhelmshaven*

91 *1970 – KM-Boot* ***Schleswig,*** *nach Umbau, 1958 i. D. 6. Minensuchgeschwader Cuxhaven, seit 1969 Wilhelmshaven (siehe Bild 97)*

92 *1975 – 4. Minensuchgeschwader Wilhelmshaven*

93 *1975 –* ***Flensburg,*** *nach Umbau 1970 zum Minenjagdboot, 1959 i. D. 8. Minensuchgeschwader Cuxhaven, ab 1963 4. MSG Wilhelmshaven*

94 *1975 – 6. Minensuchgeschwader Wilhelmshaven*

95 *1973 – 6. Minensuchgeschwader Wilhelmshaven*

96 *1978 – Minenjagdboot* ***Tübingen,*** *1958 i. D. 6. Minensuchgeschwader Cuxhaven, 1975/78 Umbau, 1978 Minenabwehrgeschwader, 1984 4. MSG Wilhelmshaven*

97 *1981 – Hohlstablenkboot (HLBoot)* ***Schleswig,*** *1958 i. D., 1979/81 Umbau für diese Verwendung (Troika), 6. MSG Wilhelmshaven*

98 *1977 – Hohlstabfernräumgerät HFG-F 1* ***Seekuh,*** *Geräte zur Erprobung des Waffensystems Troika, Vorgänger von HFG Seehund*

99 *1981 – Hohlstabfernräumgerät* ***Seehund 3,*** *1979/80 i. D. 6. Minensuchgeschwader Wilhelmshaven*
100 *1982 – Hohlstablenkboot* ***Schleswig*** *mit drei Hohlstabfernräumgeräten* ***Seehund,*** *Fernlenk-Räumsystem Troika*

101 *1960 – KM-Boot* ***Vegesack,*** *1959 i. D. 2. Minensuchgeschwader Bremerhaven, verschiedene Weiterverwendungen, 1975 an die Türkei*

Flottille der Minenstreitkräfte

Schnelle Minensuchboote · Binnenminensuchboote · Minentaucherboote Minenleger · Minentransporter · Tender

Typ/Klasse/Name Kennung	Bauzeit	ts	Lg	B	T	Antrieb	PS kn	Fahrst./kn	Bewaffnung	Bes	Werft	Bemerkungen
Schnelle Minensuchboote Kl. 340												
Mira (M 1050)	1959/62	241 266	47,2	7,0	2,2	2 MB-DM	4000 24	718 20	1-40 mm M	31	I-XIV, XIX, XX, XXII, XXVII-XXIX: Abeking u. R. Lemwerder	XIX, XXX 1971 a. D. I, III, IV, XVII 1973 a. D. XII, XXIX 1974 a. D.
Castor (M 1051), **Krebs** (M 1052), **Orion** (M 1053), **Pollux** (M 1054), **Sirius** (1055), **Rigel** (M 1056), **Regulus** (M 1057), **Mars** (M 1058), **Spica** (M 1059)												
Schnelle Minensuchboote Kl. 341												
Skorpion (M 1060)	1959/62	241 266	47,2	7,0	2,2	2 Maybach-DM	4400 24	718 20	1-40 mm M	31	XV, XVI, XXIII, XXV, XXX: Schürenstedt, B. XVII, XVIII, XXI,	XXIV, XXVI: Schlichting, T.
Stier (Y 849 ex M 1061), **Schütze** (M 1062), **Waage** (M 1063), **Deneb** (M 1064), **Jupiter** (M 1065), **Pegasus** (M 1066), **Atair** (M 1067), **Algol** (M 1068), **Wega** (M 1069), **Perseus** (M 1090), **Steinbock** (M 1091), **Pluto** (M 1092), **Neptun** (M 1093), **Widder** (M 1094), **Herkules** (M 1095), **Fische** (M 1096), **Gemma** (M 1097), **Capella** (M 1098), **Uranus** (M 1099)												
Binnenminensuchboote Kl. 391												
Niobe (W 21/M 2661)	1957/58	150 180	35,1	6,5	1,7	2 MB-DM	2000 16	800 12	1-40 mm M	20	Kröger, Rendsburg	s. 1970 Hilfsschiff f. Erprobungen (Y 1643), 1976 a. D.
Hansa (W 22/M 2662)						1 MB-DM	1000 14	1500 12				
Binnenminensuchboote Kl. 393												
Ariadne (M 2650)	1959/63	205 215	38,0	8,3	1,9	2 MB-DM	2000 14,6	830 12	1-40 mm M	24	Kröger, Rendsburg	ursprünglich Küstenwachboote
Freya (M 2651), **Vineta** (M 2652), **Hertha** (M 2653), **Nymphe** (M 2654), **Nixe** (2655), **Amazone** (2656), **Gazelle** (M 2657)												
Binnenminensuchboote Kl. 394												
Frauenlob (M 2658)	1964/68	238 249	38,0	8,3	2,0	2 MB-DM	2000 14,3	900 13	1-40 mm M	24	Kröger, Rendsburg	
Nautilus (M 2659), **Gefion** (M 2660), **Medusa** (M 2661), **Undine** (M 2662), **Minerva** (M 2663), **Diana** (M 2664), **Loreley** (M 2665), **Atlantis** (M 2666), **Acheron** (M 2667)												
Minentaucherboote Kl. 732												
Stier (Y 849)	1958/61	241 266	47,2	7,0	2,2	2 Maybach-DM	4400 24	718 20	1-40 mm	31	A.-R., Lemwerder	ex M 1061
Hansa (Y 806)	1957/58	150 180	35,1	6,5	1,7	1 MB-DM	1000 14	1500 12	1-40 mm	23	Kröger, Rendsburg	Hansa ursprünglich Küstenwachboot (W22)
Minenleger Kl. 370												
Bochum (N 120 ex USS LST 1089) **Bottrop** (N 121 ex USS LST 1101) **Bamberg** (N 122)	1943/45	3640 4140	101	15,3	4,0	2 GM-DM	2550 11	15000 9	6-40 mm 2 II 2 I	60	American Bridge Missouri Valley Jeffersonville	Bamberg (ex USS Greer County LST 799), Umbau nicht beendet, 1970 in die Ndle. verkauft
Minentransporter Kl. 762												
Sachsenwald (A 1437) **Steigerwald** (A 1438)	1966/69	2962 3400	111	13,9	4,0	2 Maybach-DM	5600 17	3000 17	4-40 mm II II M	65	Blohm u. Voß, Hamburg	Einrichtungen z. Minenlegen
Tender Kl. 402												
Saar (A 65)	1959/64	2330 2930	98,5	11,8	4,0	6 MB-DM, Werra: 6 Maybach-DM	12000 20	2500 16	2-100 mm 4-40 mm, 70 M	99	I: Norderwerft, Hamburg II: Schlieker, Hamburg III: Blohm u. Voß, Hamburg IV: Lindenau, Kiel	
Mosel (A 67), **Isar** (A 54), **Werra** (A 68) (Werra: Kl. 401 A)												

102 *1976 – Schnelles Minensuchboot **Schütze,** 1959 i. D. 3. Minensuchgeschwader Kiel, später 1. Minensuchgeschwader Flensburg*

103 *1978 – SM-Boot* ***Skorpion,*** *1963 i. D. 3. Minensuchgeschwader Kiel, 1973 1. Minensuchgeschwader Flensburg*

104 *1984 – 1. Minensuchgeschwader mit Tender* ***Saar***

105 *1974 – Binnenminensuchboot* ***Nymphe,*** *als Minenleger, 1963 i. D. 2. Küstenwachgeschwader, hier 3. Minensuchgeschwader Kiel*

106 *1982 – BM-Boot* ***Gefion,*** *1967 i. D. 7. Minensuchgeschwader Neustadt/Holstein*

107 *1982 – BM-Boot* ***Undine,*** *1976 i. D. 7. Minensuchgeschwader Neustadt/Holstein*

108 *1960 – Küstenwachboot* ***Niobe,*** *seit 1958 Hafenschutzgeschwader, 1960/64 2. Küstenwachgeschwader, dann 10. Minensuchgeschwader, Sperrwaffenversuchsstelle, 1969 Umbau zum Hilfsschiff für Erprobungsstelle 71, 1976 a. D.*

109 *1972 – Minentaucherboot* ***Stier,*** *1961 i. D. als M 1092 3. Minensuchgeschwader, 1966 Minentaucherkompanie Eckernförde (Y 849)*

110 *1975 – Minentaucherboot* ***Hansa,*** *1958 i. D. 3. Hafenschutzgeschwader, 1968 Umbau (Y 806)*

111 *1972 – Minentaucher bei einer Übung*

112 *1967 – Minenleger* **Bochum** *(ex USS Rice County), 1964 i. D. 1. Minenlegergeschwader, 1971 a. D. und in die Türkei*
113 *1965 – Minenleger* **Bottrop** *(ex USS Saline County), 1964 i. D. Minenlegergeschwader, 1971 a. D. und an die Türkei*

114 *1976 – Minentransporter* ***Sachsenwald,*** *1969 i. D. 1. Minenlegergeschwader, 1972 1. Minensuchgeschwader Flensburg*

115 *1972 – Minentransporter* ***Steigerwald,*** *1969 i. D. 1. Minenlegergeschwader, 1972 1. Minensuchgeschwader Flensburg*

116 *1964 – Tender* ***Saar,*** *1963 i. D. 1. Minensuchgeschwader Flensburg*

117 *1975 – Tender* ***Mosel,*** *1963 i. D. 5. Minensuchgeschwader Olpenitz*

118 *1964 – Tender* ***Isar,*** *1964 i. D. 3. Minensuchgeschwader, 1968 a. D., Reserveflottille, 1982 an die Türkei*

119 *1982 – Tender* ***Werra,*** *1964 i. D. 7. Schnellbootgeschwader, 1982 Minenabwehrgeschwader, 1984 6. Minensuchgeschwader Wilhelmshaven*

Versorgungsflottille

Materialtransporter · Versorger · Munitionstransporter

Typ/Klasse/Name Kennung	Bau-zeit	ts	Lg	B	T	Antrieb	PS kn	Fahr-st./kn	Bewaffnung u./o. Zuladung	Bes	Werft	Bemerkungen
Materialtransporter Kl. 764, Kl. 785												
Angeln (A 1408) **Dithmarschen** (A 1409)	1954–55	3000 4100	91	13,3	4,5	2 Pielstick-DM	3840 19	3660 15	1100 t	57	Ateliers et Chantiers de Bretagne, Nantes	Kl. Materialtransporter Kl. 764
Sauerland (A 1442)	1952/53	1300 2500	71	10,7	4,2	1 MAN-DM	1380 12	•	1755 t	8–12	Atlaswerke	Kl. 785
Pfälzerland (A 1443)	1955/56	400 580	49	7,9	2,0	2 MWM-DM	600 12	•	410 t	8–10	Büsumer Schiffs-werft	Kl. 785
Siegerland (Y 832)	1952	350 1150	87	8,2	2,5	1 MWM-DM	820 9,5	•	350 t	3–4	Elsflether Werft	Materialdepotschiff Kl. 785
Versorger Kl. 701 A, 701 B, 701 C, 701 E												
Lüneburg (A 1411) **Coburg** (A 1412) **Freiburg** (A 1413) **Glücksburg** (A 1414) **Saarburg** (A 1415) **Nienburg** (A 1416) **Offenburg** (A 1417), **Meersburg** (A 1418)	1964/68	A: 3254 3483 B/C: 3450 3680 E: 3800 4068	104 114 118	13,2 13,2 13,2	4,2 3,9 3,7	2 Maybach-DM	6160 17	3000 17	1100 t (A) 1600 t (B, C) 1800 t (E) alle: 4–40 mm, II M	71	I, II, IV, VI, VIII: Flensburger Schiffbau u. Bremer Vulkan III, V, VII: Blohm u. Voß, Hamburg	Kl. 701 A: I, VI, VII Kl. 701 B: II Kl. 701 C: IV, V, VIII Kl. 701 E: III
Munitionstransporter Kl. 706, Kl. 760												
Schwarzwald (A 1400)	1955–56	2395 3200	80	12	4,6	1 Sulzer-DM	3300 17,5	4500 15,5	3–40 mm II I 780 t	54	Dubigeon, Nantes	Kl. 706: Zivilbesatzung 32
Westerwald (A 1435) **Odenwald** (A 1436)	1965/67	3460 4032	105	14,0	3,7	2 Maybach-DM	6160 17	3000 17	4–40 mm II 1080 t	60 31	Orenstein u. Koppel, Lübeck	Kl. 760 Odenwald: Zivilbesatzung

120 *1971 – Kl. Materialtransporter* ***Dithmarschen*** *(ex franz. Frachtmotorschiff Hebé), 1959 i. D. nach Umbau, 1967 2. Versorgungsgeschwader Wilhelmshaven, 1975 a. D., 1976 an die Türkei abgegeben*

121 *1965 – Kleiner Materialtransporter* ***Angeln*** *(ex franz. Fracht/MS Borée), 1959 i. D. nach Umbau, 1967/71 1. Versorgungsgeschwader Kiel 1971 a. D., 1972 an die Türkei*

122 *1965 – Kleiner Materialtransporter* ***Sauerland*** *(ex Frachtmotorschiff Rolandseck), 1960 i. D., 1967–1969 1. Versorgungsgeschwader Kiel, 1973 verkauft, wieder als Fracht/MS in Fahrt*

123 *1961 – Kleiner Materialtransporter* ***Pfälzerland*** *(ex Küstenmotorschiff Lucetta), 1960 i. D., 1967/69 1. Versorgungsgeschwader Kiel, 1969 a. D., 1973 verkauft, wieder in Fahrt*

124 *1961 – Materialdepotschiff* ***Siegerland*** *(ex Binnenmotorschiff Leuchtenberg 3), 1960 i. D., 1964/69 1. Versorgungsgeschwader Kiel, 1969 a. D., 1971 verkauft, wieder Binnenmotorschiff*
125 *1975 – Versorger* ***Lüneburg,*** *1966 i. D. 1. Versorgungsgeschwader Kiel*

126 *1971 – Versorger* ***Coburg,*** *vor Umbau, 1968 i. D., 1. Versorgungsgeschwader Kiel, Umbau 1977/1978: durch Sektionseinbau um etwa 10 m verlängert*

127 *1985 – Versorger* ***Freiburg,*** *1968 i. D. 2. Versorgungsgeschwader Wilhelmshaven, nach Umbau 1983/84, Verlängerung um 14 m, achtern Hubschrauberplattform*

128 *1983 – Versorger* ***Glücksburg,*** *1968 i. D. 2. Versorgungsgeschwader Wilhelmshaven, 1976/77 Umbau: durch Einbau einer Sektion um 10 m verlängert*

129 *1976 – Versorger* ***Saarburg,*** *1968 i. D., 1969/74 Reserveflottille, 1975 Umbau mit Verlängerung durch Sektionseinbau, ab 1975 1. Versorgungsgeschwader Kiel*

130 *1979 – Versorger*
Nienburg, *1968 i. D.*
2. Versorgungsgeschwader Wilhelmshaven

131 *1981 – Versorger*
Offenburg, *1968 i. D.*
1. Versorgungsgeschwader Kiel

132 *1972 – Versorger*
Meersburg, *1968 i. D.*
1. Versorgungsgeschwader Kiel, 1975/76 Verlängerung um 10 m durch Sektionseinbau

133 *1968 – Munitions-transporter* ***Schwarzwald*** *(ex franz. Fracht/MS Amalthée), nach Umbau 1961 i. D., 1968/74 2. Versorgungsgeschwader Wilhelmshaven, 1974 a. D., 1976 an Griechenland*

134 *1967 – Munitions-transporter* ***Westerwald,*** *1967 i. D. 1. Versorgungs-geschwader Kiel*

135 *1983 – Munitions-transporter* ***Odenwald,*** *1967 i. D., 1969/74 Reserveflottille, seit Dezember 1974 beim 2. Versorgungsgeschwader Wilhelmshaven*

Versorgungsflottille
Betriebsstofftransporter

Typ/Klasse/Name Kennung	Bau- zeit	ts	Lg	B	T	Antrieb	PS kn	Fahr- st./kn	Bewaffnung u./o. Zuladung	Bes	Werft	Bemerkungen
Betriebsstofftransporter Kl. 763, Kl. 780, Kl. 766, Kl. 703, Kl. 704												
Bodensee (A 1406) **Wittensee** (A 1407)	1955/56 1958	1237 1900	67,1	9,8	4,3	1 MaK-DM	1250 13,5	6240 12	1230 t	21	Lindenau, Kiel	Kl. 763
Jeverland (Y 826)	1936/37	14500 14890	156	20,1	8,7	1 MAN-DM	5675 13,5	•	13465 t	55	Bremer Vulkan, Bremen	Depottanker Kl. 780, Zivilbesatzung
Frankenland (A 1439)	1950/51	16342 22370	167	21,4	9,1	1 Rowan- Doxford-DM	7600 13,5	18700 13	16060 t	54	Lithgows, Pt. Glasgow	Kl. 780, Zivilbesatzung
Emsland (A 1440)	1942/48	9700 13220	140	16,5	7,8	1 Fiat-DM	4800 13	11000 13	9210 t	52	Cantieri Riuniti, Monfalcone	Kl. 780, Zivilbesatzung
Münsterland (A 1441)	1943	9450 13380	140	16,5	7,9	1 Fiat-DM	4800 13	•	9150 t	50	Ansaldo, Genua	Kl. 780, Zivilbesatzung
Harz (A 1428)	1953	5127 5380	92,4	13,2	6,6	2 OEW-DM	2770 12	7200 11	3525 t	28	Norderwerft, Hamburg	Kl. 766 A
Eifel (A 1429)	1957/58	6382 6440	102	14,4	7,1	2 MAN-DM	3360 14	7300 12	4720 t	40	Norderwerft, Hamburg	Kl. 766 B
Walchensee (A 1424) **Ammersee** (A 1425) **Tegernsee** (A 1426), **Westensee** (A 1427)	1964/67	2044 2174	71,2	11,2	4,1	2 MWM-DM	1380 12,5	3250 12	1100 t, 60 t Frischw., M	21	Lindenau, Kiel	Kl. 703, Zivilbesatzung
Spessart (A 1442) **Rhön** (A 1443)	1974 1974–75	11200 14200	130	19,3	8,2	1 MaK-DM	8000 16	7400 16	•	42	Kröger, Rendsburg	Kl. 704, Zivilbesatzung

136 *1968 – Betriebsstofftransporter* ***Bodensee*** *(ex Tankmotorschiff Unkas), nach Umbau 1959 i. D., 1967/69 2. Versorgungsgeschwader Wilhelmshaven, 1969–1976 Reserveflottille, 1977 an die Türkei*

137 *1975 – Betriebsstofftransporter* ***Wittensee*** *(ex Tankmotorschiff Sioux), nach Umbau 1959 i. D., ab 1967 1. Versorgungsgeschwader Kiel*

138 *1961 – Depottanker* ***Jeverland*** *(ex Tankmotorschiff Ammerland), 1959 i. D., 1967/68 1. Versorgungsgeschwader Kiel, 1968 a. D., zum Abbruch verkauft*

139 *1968 – Betriebsstofftransporter* ***Frankenland*** *(ex Tankmotorschiff Münsterland), 1959 i. D., 1967/77 2. Versorgungsgeschwader Wilhelmshaven, 1977 a. D., zum Abbruch verkauft*

140 *1971 – Betriebsstofftransporter* ***Münsterland*** *(ex ital. Tankmotorschiff Angelo Germana), nach Umbau 1961 i. D., 1966 erneuter Umbau, 1967/77 1. Versorgungsgeschwader Kiel, 1977 a. D., zum Abbruch verkauft*

141 *1970 – Betriebsstofftransporter* ***Harz*** *(ex Tankmotorschiff Claere Jung), nach Umbau 1963 i. D., ab 1967 1. Versorgungsgeschwader Kiel*

142 *1970 – Betriebsstofftransporter* ***Emsland*** *(ex ital. Tankmotorschiff Antonio Zotti), 1961 i. D., 1967 Umbau, 1967/77 2. Versorgungsgeschwader Wilhelmshaven, 1977 a. D., zum Abbruch verkauft*

143 *1981 – Betriebsstofftransporter* ***Eifel*** *(ex Tankmotorschiff Friedrich Jung), nach Umbau 1963 i. D., seit 1967 2. Versorgungsgeschwader Wilhelmshaven*
144 *1967 – Kleiner Betriebsstofftransporter* ***Walchensee,*** *1966 i. D., 1. Versorgungsgeschwader Kiel*

145 *1967 – Kleiner Betriebsstofftransporter* ***Ammersee,*** *1967 i. D., 1. Versorgungsgeschwader Kiel*
146 *1984 – Kleiner Betriebsstofftransporter* ***Tegernsee,*** *1967 i. D., 2. Versorgungsgeschwader Wilhelmshaven*

147 *1983 – Kleiner Betriebsstofftransporter* ***Westensee,*** *1967 i. D., 2. Versorgungsgeschwader Wilhelmshaven*

148 *1981 – Großer Betriebsstofftransporter* ***Rhön*** *(ex Tankmotorschiff Okene), 1977 nach Umbau i. D., 2. Versorgungsgeschwader Wilhelmshaven*

149 *1977 – Großer Betriebsstofftransporter* ***Spessart*** *(ex Tankmotorschiff Okapi), 1977 nach Umbau i. D., 1. Versorgungsgeschwader Kiel*

Versorgungsflottille

Schlepper · Werkstattschiffe

Typ/Klasse/Name Kennung	Bau-zeit	ts	Lg	B	T	Antrieb	PS kn	Fahr-st./kn	Bewaffnung u./o. Zuladung	Bes	Werft	Bemerkungen
Schlepper Kl. 720, Kl. 722												
Helgoland (A 1457)	1964/66	1310	68	12,7	4,4	4 MWM-DM	3800	6000	2–40 mm II	34	Schichau	Bergungsschlepper
Fehmarn (A 1458)	1965/67	1640					16,6	10	einkokoniert		Unterweser AG,	Kl. 720
Wangerooge (A 1451)	1965/71	854	57,8	12,1	4,2	4 MWM-DM	2400	5000	1–40 mm	31	Bremerhaven	Seeschlepper,
		1024					13,6	10	einkokoniert			Kl. 722
Spiekeroog (A 1452), **Langeoog** (A 1453/Y 1665), **Baltrum** (A 1454/Y 1661), **Norderney** (A 1455), **Juist** (A 1456/Y 1664)												Ziv. Bes.
Werkstattschiffe Kl. 726												Kleine Werkstattschiffe
Odin (A 512)	1944	3435	100	15,2	4,0	2 GM-DM	1800	13200		107	Bethlehem	ex USS LST Ulysses (ARB 9)
Wotan (A 513)	1944/45	4100					11	11			Hingham,	und Diomedes (ARB 11)
											Chicago Bridge	Ziv. Bes.

150 *1982 – Bergungsschlepper **Helgoland,** 1966 i. D., 2. Versorgungsgeschwader Wilhelmshaven*

151 *1967 – Bergungsschlepper* ***Fehmarn,*** *1967 i. D., 1968–1969 Reserveflottille, 1969/71 1. Versorgungsgeschwader, Sicherungsschiff für U-Bootlehrgruppe, seit 1974 für 1. U-Bootgeschwader Kiel*

152 *1976 – Seeschlepper* ***Wangerooge,*** *1968 i. D., 2. Versorgungsgeschwader, 1969/70 a. D., Reserveflottille, danach wieder 2. Versorgungsgeschwader Wilhelmshaven*

153 *1968 – Seeschlepper* ***Spiekeroog,*** *1968 i. D., 1. Versorgungsgeschwader, seit 1975 zeitweilig Sicherungsschiff für U-Bootgeschwader*

154 *1980 – Seeschlepper* ***Langeoog,*** *1968 i. D., 1. Versorgungsgeschwader, 1977/78 Umbau, seit 1968 Schulboot bei der Marinewaffenschule Eckernförde*

155 *1975 – Seeschlepper* ***Baltrum,*** *1968 i. D., 2. Versorgungsgeschwader, 1969/74 a. D., Reserveflottille, danach Umbau, seit 1975 Taucherschulboot bei der Lehrgruppe Schiffssicherung Neustadt/Holstein*

156 *1974 – Seeschlepper* ***Norderney,*** *1970 i. D., 2. Versorgungsgeschwader, 1976/77 a. D., danach i. D. 1. Versorgungsgeschwader Kiel*

157 *1975 – Seeschlepper* ***Juist,*** *1971 i. D., 2. Versorgungsgeschwader, 1976 a. D., 1977/78 Umbau zum Taucherschulboot für Lehrgruppe Schiffssicherung Neustadt/Holstein*

158 *1978 – Werkstattschiff* ***Odin*** *(ex USS LST 967, Umbau zum Werkstattschiff Ulysses, ARB 9, US Navy), 1958 angekauft, 1961 eingetroffen, nach Umbau 1966 i. D., 1967/74 1. Versorgungsgeschwader, 1974 Marinearsenalbetrieb Kiel*

159 *1975 – Werkstattschiff* ***Wotan*** *(ex USS LST 1119, 1945 Umbau zum Werkstattschiff Diomedes – ARB 11, US Navy), 1958 angekauft, nach Umbau 1966 i. D., 1967/74 2. Versorgungsgeschwader, danach Marinearsenalbetrieb Wilhelmshaven*

Amphibische Gruppe

Typ/Klasse/Name Kennung	Bau- zeit	ts	Lg	B	T	Antrieb	PS kn	Fahr- st./kn	Bewaffnung u./o. Zuladung	Bes	Werft	Bemerkungen
Landungsunterstützungsschiffe Kl. 551												
Otter (L 754) **Natter** (L 755)	1945 1945	994 1084	64	10,5	2,8	2 GM-DM	2800 13	2500 12	1-127 mm 4-40 mm II 16-127 mm II Raketenwerfer	100	Brown, Shipbuilding, Houston	ex LSMR der USN
Landungsschiffe Kl. 550												
Krokodil (L 750) **Eidechse** (L 751), **Salamander** (L 752), **Viper** (L 753)	1943/44	750 1095	62	10,5	2,5	2 GM-DM	2800 13	2500 12	2-40 mm II 10 Panzer 100 Soldaten = 350 t	50	I, II: Brown Shipb. Houston III, IV Charleston Naval Y.	ehemalige Mittlere Landungsschiffe der USN
Landungsboote Kl. 520 A-D												
Flunder (L 760) **Karpfen** (L 761), **Lachs** (L 762), **Plötze** (L 763), **Rochen** (L 764), **Schlei** (L 765), **Stör** (L 766), **Tümmler** (L 767), **Wels** (L 768), **Zander** (L 769), **Butt** (L 788), **Brasse** (L 789), **Barbe** (L 790), **Delphin** (L 791), **Dorsch** (L 792), **Felchen** (L 793), **Forelle** (L 794), **Inger** (L 795), **Makrele** (L 796), **Muräne** (L 797), **Renke** (L 798), **Salm** (L 799)	1964/66	166 403	42	8,8	2,1	2 MWM-DM	1200 12	2000 10	2-20 mm 160 t	17	Howaldt, Hamburg	Mehrzwecklandungsboote ähnlich Typ LCU d. USN
Landungsboote/Versorgungs- u. Transportboote Kl. 521												
LCM 1-28	1964/67	116 133	23,6	6,4	1,5	2 MWM-DM	650 10,6	1430 7	60 t	7	Rheinwerft Walsum bis auf I, II Blohm u. Voß, Hamburg	LCM 21-28 Versorgungs- u. Transportboote, übrige: Landungsboote
LCU 1	1944	140 320	37	9,7	1,2	3 Gray-DM	675 10	700 7	2-20 mm 150 t	12	USA	ehem. Hilfslandgs. Fahrzeug d. USN
Amphibische Transportfahrzeuge												
LARC V V, XV, LX = Ladungsgewicht in t (5, 15, 60 usw. t)		leer 7,5	10,1	3	-	1 Cummings-DM	270 15/45 km/h Wasser Land	85 km Wasser 330 km Land	4,5 t Nach Auflösung der amph. Transport- u. Umschlag-Bataillone z. Tl. an die Ndl. und die Türkei abgegeben.	2	USA	1955/60 192 LARC V 47 LARC XV, 8 LARC LX angekauft.

160 *1960 – Landungsunterstützungsschiff* ***Natter*** *(ex USS LSMR Thames River), 1958 i. D. 2. Landungsgeschwader Wilhelmshaven, 1967 a. D.*

161 *1963 – Landungsunterstützungsschiff* ***Otter*** *(ex USS LSMR Smyrna River), 1958 i. D. 2. Landungsgeschwader Wilhelmshaven, 1966 1. Landungsgeschwader, 1967 a. D.*

162 *1968 – Landungsschiff* ***Krokodil*** *(ex USS LSM 537), 1958 i. D. 2. Landungsgeschwader Wilhelmshaven, 1968 1. Landungsgeschwader Borkum, 1972 a. D., 1975 ausgesondert*

163 *1966 – Landungsschiff* ***Eidechse*** *(ex USS LSM 491), 1958 i. D. 2. Landungsgeschwader Wilhelmshaven, 1968 1. Landungsgeschwader Borkum, 1973 a. D. und 1975 Aussonderung*

164 *1959 – Landungsschiff* ***Salamander*** *(ex USS LSM 553), 1958 i. D. 2. Landungsgeschwader Wilhelmshaven, 1968 1. Landungsgeschwader Borkum, 1969 a. D. und Aussonderung*
165 *1966 – Landungsschiff* ***Viper*** *(ex USS LSM 558), 1958 i. D. 2. Landungsgeschwader Wilhelmshaven, 1968 1. Landungsgeschwader Borkum, 1969 a. D. und Aussonderung*

166 *1968 – Landungsboot* ***Karpfen,*** *1966 i. D. 1. Landungsgeschwader Borkum, vor Umbau, offene Brücke mit Wetterschutz*
167 *1982 – Landungsboot* ***Lachs,*** *1966 i. D. 1. Landungsgeschwader Borkum, nach Umbau mit geschlossener Brücke*

168 *1975 – Landungsboot* ***Felchen,*** *1966 i. D. 2. Landungsgeschwader, 1968 a. D., Reserveflottille, 1972 wieder 1. Landungsgeschwader Borkum, seit 1976 Kiel-Holtenau*
169 *1975 – 1. Landungsgeschwader mit* ***Karpfen, Zander, Wels, Tümmler, Schlei,*** *nach Umbau*

170 *1965 – Landungsfahrzeug* ***LCM 2,*** *1964 i. D., 1969 Auflieger Marinearsenalbetrieb Wilhelmshaven*
171 *1967 –* ***LARC V*** *(angekauft in USA), amphibisches Transportfahrzeug, ab 1965 i. D., größtenteils ausgesondert*

172 *1970 – **LARC V,** in schwimmendem Zustand*

173 *1961 – **LCU 1** (angekauft in USA, ex USS LCT 779), 1959 i. D. Marine – Pionier – Bataillon, dann Seebataillon und Strandmeister-kompanie, 1967 a. D. und ausgesondert*

174 *1975 – Kampfschwimmer bei einer Übung*

Marinefliegerdivision

Typ	Hersteller (Land)	max. Start-Gew.	Lg	Spw	Triebwerke	Leistung PS/kp	max. Geschw.	max. Höhe m	max. Rw km	Bewaffnung bzw. Anzahl d. Passagiere	Bes	Bemerkungen, beschaffte Stückzahl
Mehrzweckkampfflugzeuge												
Sea Hawk Mk 101	Hawker-Siddeley (GB)	7349	12,3	11,9	1 Rolls-Royce-Nene-103 Strahltriebwerk	- 2450	960	10600	1100	4–20 mm, Abwurflast 1,1 t Bomben, Luft-Boden-Raketen	1	68; 1966 a. D.
F 104 G Starfighter	Lockheed (USA)	13000	16,7	6,6	1 GE-J-79-11-A-Strahltriebwerk m. Nachbrenner	- 4530 7170	2640 bis 2760	16800 bis 25000	3500	1–20 mm, Abwurflast 1,8 t, B, LLR, LBR, ASW	1	127; 1 Staffel Aufklärer bei MFG 2, 1986 a. D.
Pa 200 Tornado (MRCA)	Panavia (GB/D/I)	26500	16,7	8,6/ 13,9	2 Turbo-Union RB 199-34R-04 Turbofans	- 13600 m. Nachbrenner	2520 bis 2640	17500	1300 bis 3900	2–27 mm, Abwurflast 7 t, B, LLR, LBR, ECM, z. B. 4 Kormoran	2	112; Aufklärerversion u. a. mit IR-Kamera
U-Jagdflugzeuge												
Gannet AS Mk 4	Fairey (GB)	17325	13,1	16,6	1 Armstrong-Siddeley-A-SMD-3-Mk-101-Propeller Tu	3035 340	490	7600	1000	2 UT od. WB, LBR, M	3	16; 1966 a. D.
1150 Atlantic	Bréguet (F)	44500	31,8	36,3	2 Rolls-Royce-Tyne-T. Ty.-20-Mk-21-Propeller Tu	12210 -	666	10000	10750	9 UT je 181 kg o. 4 UT je 510 kg, WB, LBR, M	12 bis 15	20; Seefernaufklärer, 5 Flugz. auf ELINT-System umgerüstet
Verbindungs- und Transportflugzeuge												
Pembroke C Mk 54	Hunting-Percival (GB)	6480	14	19,6	2 Alvis-Leonidas-127-Sternmotoren	1100 -	360	6700	•	14 Passagiere	4	6; 1972 a. D.
Do 27	Dornier (D)	1860	9,6	12	1 Lycoming-GO-480-Boxermotor	270 -	230	7500	780	4 Passagiere	2	15; 1973 a. D.
Do 28 D-2 Skyservant	Dornier (D)	3800	11,4	15,5	2 Lycoming-IG-SO-540-Boxermotoren	760 -	370	7400	2110	12 Pass. o. 1360 kg Zuladung	1 bis 2	20;
Schulflugzeuge												
Magister CM 170 R	Potez Air-Fouga (F)	3160	10	11,3	2 Turboméca-Marboré-Strahltriebwerke	- 800	715	10000	800	2–7,62 mm MG	2	12; Strahltrainer 1969 a. D.
P 149 D	Piaggio (I)	1680	8,8	11,1	1 Piaggio-Lycoming GO-480-Boxermotor	270 -	285	5000	1000	2–3 Passagiere	2	4;
Amphibienflugzeug												
HU 16-C Albatros	Grumman (USA)	17000	19,2	29,5	2 Wright-R-1820-Sternmotoren	2850 -	280	6500	5000	12 Pass. od. 3000 kg Zuladung	3–5	5;
Hubschrauber				Haupt-rotor Ø								
B 171 Sycamore Mk 14	Bristol (GB)	2500	14,1	14,8	1 Alvis-Leonidas-Mk-173-Sternmotor	520 -	200	5200	460	2–3 Pass. od. 575 kg Zuladung	2	10;
H 34 G	Sikorsky (USA)	6300	14,3	17,1	1 Curtiss-Wright-989-Sternmotor	1525 -	210	3600	435	12–18 Pass. od. 1550 kg Zuladung	3–4	20; 15 Versionen SAR, 5 Versionen für Versuche
Seaking Mk 41	Westland/Sikorsky (GB/USA Lizenz)	9300	16,7	18,9	2 Rolls-Royce Bristol-Gnome-H-1400-Tu	3000 -	240	3100	1390	20 Pass. od. 2550 kg Zuladung	4	22; Amph. Rettungshubschrauber (SAR)
										Umrüstung für Kampfeinsatz vorgesehen: 4 LBR Sea Skua u. erw. Zieldatenübermittlung		
Sea Lynx Mk 88	Westland (GB)	4700	11,9	12,8	2 Rolls-Royce-GEM 2-Mk-1001-Tu	1800 -	296	3650	440	Flugtorp. Mk 46 od. DM 4A1, B Unterwasserschall Mk 72, Marker Mk 25	2	14; U-Jagd- und Marine-Mehrzweckhubschrauber, an Bord von F 122

Typ/Klasse/Name Kennung	Bauzeit	ts	Lg	B	T	Antrieb	PS kn	Fahrst./kn	Bes	Werft	Bemerkungen
Flugsicherungs- und Schulboote Kl. 907, Kl. 908											
FL 1-3 (W 57, 58, 59)	1941/42	43	26	4,7	1,4	2 MWM-DM	700 18	535 16	8–10	Kröger, Warnemünde	ex Flugbetriebsboote d. Luftwaffe Fl. B. 601–603, 1957/63 Schulboote MSM
FL 4 (W 60)	1935/36	25	19	4	1,2	2 MWM-DM	300 12,4	200 12,4	4–5	Kröger, Warnemünde	ex Flugbetriebsb. d. Luftwaffe, eines der Fl. B. 201–204, 1957/62: FL, alle a. D.
Flugsicherheitsboote Kl. 909, Kl. 906											
FL 5-8 (Y 857, 858, 859, 860)	1951/52	60	29	4,7	1,5	2 MB-DM	2000 28	•	14	Lürssen, Vegesack	FL 5 u. FL 7 ab 1975 Sicherheitsboote H 11 u. H 13 in Todendorf, FL 6 1971, FL 8 1975 a. D.
FL 9-11 (Y 861, 862, 863)	1955/60	67	29	5	1,6	2 Maybach-DM	3000 30	600 25	6–8	Kröger, Rendsburg	1955/61 RAF, 1961 MFG 5, FL 9 1974 a. D. FL 10 ab 1976 H 21, FL 11 ab 1975 Erprobungsboot EB 1, 1977 a. D.

175 *1964 – Mehrzweckkampfflugzeug* ***Hawker Siddeley Sea Hawk Mk 101,*** *1958 Aufstellung der Marinemehrzweckstaffel mit der Sea Hawk. Beim Marinefliegergeschwader 1 bleibt die Maschine bis 1963, beim MFG 2 bis 1965 im Dienst; Ablösung durch Starfighter F-104 G*
176 *1977 – Mehrzweckkampfflugzeug* ***Lockheed F-104 G Starfighter,*** *ab 1963 Umrüstung MFG 1, Schleswig-Jagel, und 1965 MFG 2, Tarp-Eggebek, auf die F-104 G. Die 2. Staffel MFG 2 erhielt die Aufklärerversion RF-104 G. Die Trainervariante TF-104 G ist zweisitzig; Nachfolgemodell MRCA Panavia 200 Tornado*

177 *1983 – Mehrzweckkampfflugzeug (MRCA)* ***Panavia 200 Tornado.*** *MFG 1 1981/84 auf Tornado umgerüstet, MFG 2 ab 1985*
178 *1963 – U-Jagdflugzeug* ***Fairey Gannet AS Mk 4.*** *1959/61 U-Jagdstaffel beim MFG 1 und ab 1961 beim MFG 2 in Jagel, 1962/65 Stationierung in Westerland/Sylt, 1965/66 beim MFG 3 in Nordholz*

179 *1973 – Seefernaufklärungs- und U-Jagdflugzeug* ***Bréguet 1150 Atlantic.*** *Von 1966 bis 1969 Umrüstung des MFG 3 »Graf Zeppelin«, Nordholz, auf dieses Waffensystem*
180 *1961 – Transport- und Verbindungsflugzeug* ***Hunting-Percival C Mk 54 Pembroke,*** *nicht mehr i. D.*

181 *1965 – STOL-Transport- und Verbindungsflugzeug* ***Dornier Do 27.*** *1959 – 1972 MFG 5, Kiel-Holtenau. Im Hintergrund Fairey Gannet AS Mk 4 mit gefalteten Tragflächen*
182 *1973 – STOL-Transport- und Verbindungsflugzeug* ***Dornier Do 28 D-2 Skyservant;*** *seit 1972 beim MFG 5 Kiel-Holtenau*

183 *1961 – Schulflugzeug* ***Fouga Magister CM 170 R,*** *bis 1967/68 bei den MFG 1 und 2*

184 *1961 – Schulflugzeug* ***Piaggio P 149 D;*** *MFG 5, Kiel-Holtenau*

185 *1962 – Seenot-Amphibienflugzeug* ***Grumman HU 16-C Albatros;*** *1959–1971 SAR-Dienst beim MFG 5, Kiel-Holtenau*

186 *1961 – Seenotrettungs-Hubschrauber* ***Bristol B-171 Sycamore Mk 14;*** *1958–1964 beim MFG 5, Kiel-Holtenau; zeitweilig für nicht aufgestelltes MFG 4 vorgesehen*
187 *1965 – Transport- und Seenotrettungshubschrauber* ***Sikorsky H 34 G;*** *1963–1975 SAR-Dienst beim MFG 5, Kiel-Holtenau, ursprünglich für U-Jagd- und Minenräumaufgaben beim nicht aufgestellten MFG 4 vorgesehen*

188 *1982 – Amphibischer Transport- und Mehrzweckhubschrauber* ***Westland/Sikorsky Sea King Mk 41;*** *seit 1974 SAR-Dienst beim MFG 5, Kiel-Holtenau mit Außenstellen Borkum, Helgoland und Sylt*
189 *1983 – Bordhubschrauber* ***Westland Sea Lynx Mk 88;*** *je zwei Hubschrauber an Bord der Fregatten Klasse 122, 4. Fregattengeschwader Wilhelmshaven; Wartung und Instandhaltung beim MFG 3, Nordholz, technische Service-Station für Wilhelmshaven geplant*

190 *1973 – Flugsicherheitsboot **FL 7;** 1958–1975 beim MFG 5 Kiel-Holtenau, ex H 13, später KW 13, ab 1975 Sicherheitsboot beim Flakschießkommando Todendorf*
191 *1971 – Flugsicherheitsboot **FL 10;** 1961–1975 MFG 5, Kiel-Holtenau (ex brit. Flugsicherungsboot D 2766), ab 1976 Verbindungsboot H 21, MStpKdo Kiel*

Schulschiffe – Schulboote

Typ/Klasse/Name Kennung	Bau- zeit	ts	Lg	B	T	Antrieb	PS kn	Fahr- st./kn	Bewaffnung	Bes	Werft	Bemerkungen
Schulschiffe Kl. 440, Kl. 441, Kl. 368												
Deutschland (A 59)	1959-63	4880 5450	138	16	4,8	2 MB-DM 2 Maybach-DM 1 Wahodag-Tu 2 Wahodag-Wr-Ke	16000 22	1700 17	4-100 mm 6-40 mm II II I I 4 UTR-533 mm 2 UJW-375 mm M	304 + 250	Nobiskrug, Rendsburg	Kl. 440
Gorch Fock (A 60)	1958	1760 1880	81,4	12	4,8	1964 qm Segelfläche 1 MAN-DM als Hilfsantrieb	um 15 (unter Segel) 980 11	 1990	 -	74 + 200	Blohm u. Voß, Hamburg	Segelschulschiff (SSS) Kl. 441
Nordwind (Y 834)	1944	100 110	24	6,4	1,5	180 qm Segel- fläche 1 Demag-DM	 150 11	 1200 7	 -	10	•	Segelketsch Kl. 368 ex KM KFK
Schulfregatten Kl. 138												
Graf Spee (F 215)	1938/39	1470 1925	91	11,4	3,3	2 Parsons-Tu 2 Admiralitäts- Wr-Ke	4300 19	3200 12	2-102 mm 3-40 mm 2 Hedgehog	180	Yarrow, Scotstown	ab 1959 Kadettenschul- schiff
Hipper (F 214)	1944/46	1470 1925	91	12,2	2,8	„	„	„	6-40 mm II II I I	180 145	Thornycroft, Southampton	ab 1959 Kadettenschul- schiff
Raule (F 217) **Brommy** (F 218)	1940/42 1941/43	1087 1490	86	9,6	3,2	„	19000 27	3700 14	2-102 mm, 2 Hedgehog, M	170	White, Cowes Brown, Clydebank	ex. brit. Geleitzerst., ab 1959 Unterwasserwaf- fenschule
Scheer (F 216)	1942-43	1580 1925	98	12,4	3	„	4300 19	2780 12	4-40 mm II	142	Stephen, Govan	ab 1959 Ortungsschul- schiff
Scharnhorst (F 213)	1942-44	1470 1925	91	12,2	2,8	2 Parsons-Tu 2 Foster- Wheeler Wr-Ke	4300 19	3200 12	2-100 mm, 60 M 4-40 mm II I I	180	Denny, Dumbarton	ab 1959 Artillerieschul- schiff
Gneisenau (F 212)	1940/42	1050 1610	86,1	9,6	3,9	2 Parsons-Tu 2 Admiralitäts- Wr-Ke	19000 27	850 25	1-100 mm, M 4-40 mm II I I	83	Yarrow, Scotstown	ab 1958 Artillerieschul- schiff
							Kl. 138 bei Bes: ca-Zahlen Stammbesatzung + Schüler					
Schulschiffe, Schulboote Kl. 319												
Biene (F 207) **Bremse** (F 208), **Brummer** (F 209), **Hummel** (F 210), **Wespe** (F 211)	1939/42	710 870	68,4	8,3	2,6	2 Lentz-Exp 2 Wagner-Ke	3500 18,3	1440 9	1-105 mm 1-40 mm 4-20 mm 1 Hedgehog	100	I Neptun, Rostock II Dt. Werft, Hbg. III, IV Lübecker Maschinenbaugesellsch. V Flender, Lbck.	KM Typ M-Boot 35, 1956 von Frankreich zurück- gekauft
Weser (A 62) **Ruhr** (A 64)	1959/62 1959/64	2370 2740	98,2	11,8	3,9	2 Maybach- DM	12600 20	1625 15	2-100 mm 4-40 mm, 70 M	122	Elsflether, W. Schlieker, Hbg.	S-Boottender Kl. 401, Schulschiffe f. MarA
UW 10 (Y 840) **UW 11** (W 50)	1943 1944	101 110	34,9	5,3	1,7	3 Napier- Deltic-DM	9000 43,5	-	2 TR-533 mm	23	Schlichting, Travemünde Lürssen, Vegesack	ex KM S 130, ex KM S 208, 1945/55 brit.
Küstenwach- und Schulboote Kl. 339												
UW 1 (W 44) **TM 2** ex **UW 2** (W 45) **TM 1** ex **UW 3** (Y 826, W 53), **FM 1-3** (W 54, 55, 56)	ca. 1944	140 190	36,8	6,7	1,8	jew. 1 DM verschied. Hersteller	450- 600 ca. 11	3300 11	-	ca. 18	kanadische Werften	UW 1 1970 a. D. TM 1, TM 2 1974 a. D. FM 1-3 Marinefernmel- desch., 1961/66 a. D.
UW 4-6 (W 46/Y 870, W 47, 48)	1942-45	130 135	38,6	5,7	1,6	2 MAN-DM	1836 20	900 15	-	ca. 22	Abeking u. R., Lemwerder	Schulboote UW 4-6 1963/69 a. D.
OT 1 (W 52) **AT 1 u. 2** (W 61, 62)	1944	150	39,4	5,7	1,7	2 MWM-DM	2800 24	1000 15	AT 1: 1-40 mm 1-20 mm AT 2: 1-20 mm	ca. 27	AT 1: Burmester, Swinemünde	OT 1 1959 a. D., AT 1/2 Schulboote Marine-Artillerie-Schule, 1961/63 a. D.
Schulboot Kl. 179												
UW 12 (W 51)	1954	325	53	7	2	4 Pielstick-DM	3800 18	3300 15	1-40 mm 2-20 mm 1 Hedgehog	42	Doubigeon, Nantes	Schulboot Unterwasser- waffenschule

192 *1975 – Schulschiff* ***Deutschland,*** *1963 i. D., Marineamt/Marineschule Mürwik*
193 *1975 – Schulschiff* ***Deutschland,*** *jährliche Auslands-Ausbildungsreisen mit Marineoffizieranwärtern*

194 *1967 – Segelschulschiff **Gorch Fock,** 1958 i. D., Marineamt/Marineschule Mürwik*

195 *1967 – Segelschulschiff* ***Gorch Fock,*** *Offizierausbildung sowie Unteroffizierausbildung für den seemännischen Dienst*

196 *1978 – Schulboot* ***Nordwind,*** *Segelketsch, 1956 i. D., Marineamt/ Marineschule Mürwik*

197 *1961 – Schulfregatte* ***Graf Spee*** *(ex brit. Flamingo), 1959 i. D., Marineschule Mürwik, 1964 a. D. und ausgesondert*

198 *1963 – Schulfregatte* ***Hipper*** *(ex brit. Actaeon), 1959 i. D., Marineschule Mürwik, 1964 a. D. und ausgesondert*

199 *1959 – Schulfregatte* ***Raule,*** *vor Umbau (ex brit. Albrighton), 1959 i. D., Marineunterwasserwaffenschule, 1962–1964 Umbau, 1967 a. D., 1970/71 Zielschiff, danach abgewrackt*

200 *1960 – Schulfregatte* ***Brommy*** *(ex brit. Eggesford), 1959 i. D., Marineunterwasserwaffenschule, 1965 a. D., später Zielschiff*

201 *1967 – Schulfregatte* ***Scheer,*** *nach Umbau (ex brit. Hart), 1959 i. D., Marineortungsschule, 1967 a. D. und ausgesondert*

202 *1962 – Schulfregatte* ***Scharnhorst*** *(ex brit. Mermaid), 1959 i. D., Marineartillerieschule, 1961/62 Umbau, 1968 a. D., Reserveflottille, seit 1974 Übungshulk bei Schiffssicherungslehrgruppe Neustadt/Holstein*

203 *1964 – Schulfregatte* ***Gneisenau,*** *nach Umbau 1963–1964 (ex brit. Oakley II), 1958 i. D., Marineartillerieschule, im Laufe der Jahre mehrere Umbauten, 1966 a. D., Reserveflottille, 1972 Aussonderung*

204 *1959 – Geleitboot/Schulboot* ***Brummer*** *(ex Kriegsmarine M 85, dann franz. Yser), 1957 i. D. 1. Geleitgeschwader, 1957–1958 Umbau, 1960 Schulgeschwader, 1963 a. D., 1967/74 Übungshulk bei Schiffssicherungslehrgruppe Neustadt/Holstein, danach verschrottet*

205 *1959 – Geleitboot/Schulboot* ***Biene,*** *nach Umbau (ex Kriegsmarine M 205, dann franz. Belfort), 1957 i. D., 1. Geleitgeschwader, 1957–1958 Umbau, 1960 Schulgeschwader, 1963 a. D., 1967/74 Übungshulk bei Schiffssicherungslehrgruppe Neustadt/Holstein, danach verschrottet*

206 *1964 – Tender* ***Weser,*** *1962 i. D. als Schulschiff, Marineamt, 1965/67 1. S-Bootgeschwader, 1967/68 7. Schnellbootgeschwader, 1968 a. D., 1976 an Griechenland*
207 *1969 – Tender* ***Ruhr,*** *1964 i. D. als Schulschiff, Marineamt, war geplant für 7. S-Bootgeschwader, 1971 a. D., Reserveflottille, 1976 an die Türkei*

208 *1969 – Tender/Schulschiff* ***Ruhr***

209 *1959 – Schulboot* ***UW 10*** *(ex KM Schnellboot S 130, dann brit.), nach Grundüberholung 1957 i. D., Schulboot für Unterwasserwaffenschule, 1963 a. D.*

210 *1958 – Schulboot* ***UW 11*** *(ex KM S 208, dann brit.), 1957 i. D., später W 50, Marineunterwasserwaffenschule, 1964 a. D., später Zielschiff*

211 *1957 – Schulboot* ***UW 4*** *(ex KM R-Boot R 101, dann USN 149), 1956 i. D., Marineartillerie- und Unterwasserwaffenschule, 1969 a. D.*

212 *1967 – Küstenwachboot* ***KW 8*** *(ex BGS See), hier Schulboot beim 2. MAusbBtl., 1956 i. D., Hafenschutzgeschwader, dann Küstenwachgeschwader, dann Schulboot, 1974 a. D., 1975 an die Türkei*

213 *1970 – Küstenwachboot* ***KW 19*** *(ex USN 59), hier als Verbindungsboot Marinestützpunktkommando Borkum, 1956 i. D. Hafenschutzgeschwader, Küstenwachgeschwader, Schulboot MArt-Schule, 1981 a. D.*

214 *1969 – Schulboot* ***UW 1*** *(ex brit., franz., belg. Marine), 1956 i. D. als UW 1, Schulgeschwader Ostsee, nach Umbau*

215 *1959 – Schulboot* ***TM 1*** *(ex brit., franz., belg. Marine), 1956 i. D. UW 3, Schulgeschwader Ostsee, dann Marineunterwasserwaffenschule W 53, später Taucherschulboot TM 1, 1974 a. D.*

216 *1961 – Schulboot* ***UW 12*** *(ex franz. P 7, dann USN), 1957 i. D. UW 12, dann Schulboot Unterwasserwaffenschule W 51, 1967 a. D., an Tunesien verkauft*

217 *1967 – Schulboot* ***OT 1*** *(ex KM R 406, Bäderschiff Arngast in Wilhelmshaven, dann USN), 1957 i. D. OT 1 (W 52), Marineortungsschule, 1959 a. D.*

218 *1967 – Meßversuchsboot* ***OT 2,*** *Marineortungsversuchsstelle/Marineortungsschule, 1975 BWB Erprobungsstelle 71, 1976 a. D. (W 54)*

Versuchs- und Erprobungsfahrzeuge

Typ/Klasse/Name Kennung	Bau- zeit	ts	Lg	B	T	Antrieb	PS kn	Fahr- st./kn	Bewaffnung	Bes	Werft	Bemerkungen
Versuchs- und Erprobungsfahrzeuge Kl. 740												
OT 2 (Y 847)	•	300 340	41,7	7,6	2,5	2 MWM-DM	930 15	2500 9	-	16	•	Meßversuchsboot, 1976 a. D.
Adolf Bestelmeyer (Y 881)	1942/43	300	42	7,5	2,5	2 GM-DM	1000 15	2500 9	-	16	Jacob, City Island	Sperrwaffenversuchs/erprobungsboote
Rudolf Diesel (Y 889)	1943										Grebe, Chicago	
Hermann von Helmholtz (Y 878)	•	300 340	41,5	7,5	2,4	2 Maybach DM	2000 15	2500 9	-	16	•	Entmagnetisierungsfahrzeug 1975 a. D.;
Hans Christian Oerstedt (Y 877)	1942/43	260 300	41,5	7,5	2,4						Weaver, Orange	Entmagnetisierungsfzg.
Wilhelm Laudahn (Y 839)	1956/57	155	35,5	5,1	1,8	Erprobung versch. Antriebsanlagen	•	•	1 TR-533 mm	15	•	Motorenversuchsboot, ex UW 9 ex S-Boot Seeschwalbe, Umbauten, 1973 a. D.
EF 1 (Y 890) (ex Luftwaffe Flugbetriebsboot Kl. B. V)	1940/45	65	27,6	4,6	1,5	2 MWM-DM	•	•	-	10	•	1968 Fernmeldeerprobungsboot, 1973 a. D.
EF 3 (Y 840)	(Daten siehe UW 10)											
Karl Kolls (Y 887)	ca. 1903	220	36,2	6,1	2,8	1 MaK-DM	160 10	•	2 TR-533 mm ÜU, 1 UTR-533 mm f. Erprobungen	10	v. d. Meer, Vlaardingen	Torpedowaffenerprobungsboot, 1974 a. D.
Heinz Roggenkamp (Y 871)	1952	935 996	57,1	9	3,1	1 KHD-DM	1140 12	•	Bew. wie K. Kolls	19	AG Weser/Seebeck, Bremerhaven	Torpedowaffenerprobungsboot
Friedrich Voge (Y 888)	1941/43	260 298	33	6,7	3,3	1 MAN-DM	550 12	•	-	14	Nylands Verkstad, Oslo	Torpedowaffenerprobungsboot
Viktoria (Y 808)	1901	111 BRT	28,6	5,1	2,5	1 Deutsche-Werke-DM	285 11	•	-	7	Janssen u. Schmilinski, Hamburg	ex KM Funkmeß-Erprobungsboot, 1944 versenkt, gehoben, ab 1960 Sperrwaffenversuche, 65/70 Meßhulk
Otto Meycke (Y 882)	1947	50	15	5	1,9	1 Modag-DM	150 9	•	-	6	Lürssen, Vegesack	Taucherhilfsboot
Barbara (Y 844)	1964	3500	52	24	3	-	-	-	wechselnde Bew. zur Erprobung	•	Howaldtswerke Kiel	Hubinsel ohne Eigenantrieb, Erprobung Waffen u. Waffenleitgerät
Sp 1 (Y 837) **Sp 2/Wilhelm Pullwer** (Y 838)	1965/67	132 160	31,5	7,5	2,2	2 MB-DM	790 12,5	•	-	17	Schürenstedt, Bardenfleth	Sperrwaffenversuchsboote, Kl. 741
Walther von Ledebur (Y 841)	1965/67	775 825	63,1	10,5	3	2 Maybach-DM	5200 19	•	-	19	Burmester, Bremen-Burg	Sperrwaffenerprobungsboot, Kl. 421
Hans Bürkner (A 1449)	1960/63	980 1200	80,6	9,3	2,9	4 MAN-DM	13600 25	2180 15	2-40 mm 2 UTR-533 mm 1 UJW-375 mm IIII	52	Atlaswerke, Bremen	Erprobungsboot f. UW-Waffen, Kl. 421
Eider (Y 1663)	1942 n. Umbau	750 950	54	8,4	4	Exp	850 13	3700 11,5	-	20	Davie, Lauzon (CAN)	ex brit. Geleitfzg., 1956 Schulschiff, Kl. 752
Holnis (Y 836)	1964/66	150 180	36,9	7,4	1,8	2 MB-DM	2000 16,5	•	-	25	Abeking u. R., Lemwerder	zuerst BinnenMBoot Kl. 390, 1968 Fernmeldeversuchsboot Kl. 740
FmVsu ST 1	1941	67	24	4,4	2	1 MWM-DM	400	•	-	4-6	•	ex TorpFangboot, Marinefernmeldevers. St., a. D.
MOVsu ST 1	1942	58	22	4,5	1,6	1 MWM-DM	550	•	-	4-6	Kröger, Warnemünde	Marineortungsversuchsstelle, 67 a. D.

219 *1971 – Meßversuchsboot* ***OT 2,*** *nach Umbau Kommando für Truppenversuche der Marine (Y 847), 1975 BWB Erprobungsstelle 71, 1976 a. D.*

220 *1968 – Erprobungsboot* ***Karl Kolls,*** *nach Umbau (ex ndl.), 1959 i. D. für BWB Erprobungsstelle 71, 1974 a. D.*

221 *1965 – Küstenwachboot* ***KW 3,*** *1956 i. D. als H 3, 1960 Hafenschutzgeschwader, weiter als Funkbeschickungsboot MArs Wilhelmshaven*

222 *1972 – Fernmelde-erprobungsboot* ***EF 1*** *(ex Süderoog), 1961 i. D. BWB Erprobungsstelle 71 (Y 890), 1973 a. D.*

223 *1961 – Fernmelde-versuchsboot* ***FM 2*** *(ex brit., franz., belg.), 1953 i. D. als W 8, 1956 FM 2, Schulgeschwader Ostsee, später 2. MAausbBtl. W 55, 1963 a. D.*

224 *1968 – Erprobungsboot* ***Wilhelm Laudahn*** *(ex S-Boot Seeschwalbe), nach Umbau 1966 neue Namensgebung, Kdo. für Truppenversuche der Marine, Erprobung von Antriebsanlagen, 1973 a. D., 1974 in die Niederlande*

225 *1971 – Sicherheitsboot/Hochseeschlepper* ***Pellworm,*** *1956 i. D. Marineunterwasserwaffenschule, später Marinewaffenschule, 1978 a. D.*

226 *1970 – Minenwurf- und Lichtboot* ***Eider*** *(ex brit. Dochet), 1956 i. D. als Schulschiff, 1969 Umbau zum Minenwurf- und Lichtboot (Y 1663), Marineunterwasserwaffenschule, 1978 a. D.*

227 *1975 – Erprobungsboot* ***Hans Bürkner,*** *1963 i. D. Marine-unterwasserwaffen-schule als Torpedo-fangboot, seit 1969 BWB Erprobungs-stelle 71 (A 1449)*

228 *1975 – Sperrwaffen-erprobungsboot* ***Rudolf Diesel*** *(ex USS YMS 279, brit.), 1961 i. D. BWB Erprobungsstelle 71*

229 *1979 – Sperrwaffen-erprobungsboot* ***Walther von Ledebur,*** *1967 i. D. BWB Erprobungsstelle 71*

230 *1975 – Torpedowaffenerprobungsboot* ***Friedrich Voge*** *(ex KM), 1959 i. d. Kdo. Flottenbasis (Y 803), 1960 BWB Erprobungsstelle 71 (Y 888)*

231 *1975 – Torpedowaffenerprobungsboot* ***Heinz Roggenkamp*** *(ex Greif) 1964 i. D. BWB Erprobungsstelle 71*

232 *1975 – Fernmeldeversuchsboot* ***Holnis*** *(ex M 2651), 1969 für Kommando für Truppenversuche der Marine (Y 836)*

233 *1970 – Sperrwaffenversuchsboot* ***SP 2/Wilhelm Pullwer,*** *1967 i. D., BWB Erprobungsstelle 71 (Y 838)*
234 *1975 – Sperrwaffenversuchsboot* ***SP 1,*** *1967 i. D., Kdo. für Truppenversuche der Marine*

235 *1963 – Sperrwaffenversuchsboot* ***Adolf Bestelmeyer*** *(ex USS YMS 213, brit.), nach Umbau 1959 i. D. Erprobungsstelle 71, später Umbau zum Sperrwaffenversuchsboot*

236 *1976 – Schlingerstand-Hubinsel* ***Barbara,*** *1964 i. D. BWB Erprobungsstelle 71*

237 *1965 – Entmagnetisierungsfahrzeug* ***Hans Christian Oersted*** *(ex USS YMS 247), 1962 i. D. BWB Erprobungsstelle 72, 1974 Erprobungsstelle 71, MES-Versuchsboot*

238 *1965 – Entmagnetisierungsfahrzeug* ***Hermann von Helmholtz*** *(ex USS YMS), 1962 i. D. BWB Erprobungsstelle 72, MES-Versuchsboot, 1975 a. D.*

239 *1967 – Taucherhilfsboot* ***Otto Meycke*** *(ex Fischkutter, nicht Meyke) 1960 i. D. als Taucherhilfsboot für Erprobungsstelle 71, Eckernförde*

240 *1975 – Torpedoklarmachschiff* ***Memmert,*** *1956 i. D. als Kranschiff, nach Umbau Torpedoklarmachschiff, Olpenitz, 1980 a. D.*

Hilfsschiffe, sonstige Fahrzeuge

Typ/Klasse/Name Kennung	Bau- zeit	ts	Lg	B	T	Antrieb	PS kn	Fahr- st./kn	Bes	Werft	Bemerkungen
Hochseeschlepper Kl. 729											
Passat (Y 800)	1935/36	437	38,7	8	3,8	1 MaK-DM	820 12	•	14	Howaldtswerke, Kiel	
Pellworm (Y 801)	1939/40	500	38,3	8,5	4,2	1 KHD-DM	960 12	2900 12	24	Schichau, Königsberg; ex KM Hochseeschlepper, 1941 gesunken, gehoben, 1945 USN, 1974 Marinewaffenschule, 1978 a. D.	
Hafenschlepper Kl. 729											
Plön (Y 802)	1938/40	130	24,2	5,7	2,5	1 Humboldt-Deutz-DM	390 10	•	6	Kremer u. Sohn, Elmshorn; ex KM Bodden, 1940 i. D., 1956 beim MStpKdo Kiel, 1970 a. D.	
Hafenschlepper Kl. 729											
Blauort (Y 803)	1942	65	21,5	4,5	1,8	1 Viertakt-DM	250	•	4	Nobiskrug, Rendsburg	
Kleine Hafenschlepper Kl. 723											
Lütje Hörn (Y 812) **Mellum** (Y 813) **Knechtsand** (Y 814), **Scharhörn** (Y 815), **Vogelsand** (Y 816), **Nordstrand** (Y 817), **Trischen** (Y 818), **Langenes** (Y 819)	1957/59	46,5 52,5	15,7	5,1	2,2	2 Deutz-DM	340 10	550 9	4	I, IV, VI Jadewerft, Wilhelmshaven, II, V Schweers, Bardenfleth, III, VII, VIII Braun, Speyer; die Schlepper sind den MStpKdos zugeteilt	
Schlepper und Eisbrecher Kl. 721											
Eisvogel (A 1401) **Eisbär** (A 1402)	1959/61	496 576	37,8	9,5	4,2	2 Maybach-DM	3000 13	2000 12	16	Hitzler, Lauenburg	im Mob-Fall: 1–40 mm
Große Hafenschlepper Kl. 724											
Sylt (Y 820) **Föhr** (Y 821) **Amrum** (Y 822), **Neuwerk** (Y 823)	1960/63	244 266	30,6	7,5	4	1 MaK-DM	1000 12	1775 12	10	Schichau, Bremerhaven	
Hafenschlepper Kl. 724											
Neuende (Y 1680) **Heppens** (Y 1681), **Ellerbek** (Y 1682)	1970/71	232	26,6	7,4	2,6	1 MWM-DM	800 12	•	6	Schichau/Unterweser AG, Bremerhaven	
Taucherschulschiff Kl. 754											
Ems (Y 1662)	1940/42	1083 1350	56,9	8,8	4,7	1 Sulzer-Halberg-DM	1080 13,5	2400 12	25	Kremer u. Sohn, Elmshorn; als Tender 4–20 mm; ex KM Wassertanker Harle, 1956 Tender Ems (A 53), MinensuchGschw, 1965 Taucherhilfsschiff (Y 1662), 1978 a. D.	
Küstenwachboote Kl. 368, Kl. 369											
KW 1-3 (W 1-3) **KW 4-10** (W 4-10)	1943/44 1944/45 unfertig	112	23	6,4	2,7	1 Demag-DM 1 Modag-DM	150 9	1400 7	16	z. Tl. 1–20 mm; Burmester, Swinemünde u. a. Werften, Fertigbau 1951/52 auf versch. Werften, 1960 KW 1-10 Küstenwachgeschw., 1963 a. D., versch. Weiterverwendungen, z. Tl. Kenia, Tansania; alle ex KM KFK	
KW 15-20 (Y 827, 830, 845, 832, 833, 846) als Sicherheitsboote; versch. Verw.: u. a. USN Weser River Patrol und BGS/See	1951/53	60	29	4,7	1,4	2 MB-DM	2000 25	•		KW 15, 19 Schweers, Bardenfleth, KW 16, 20 Lürssen, Vegesack, KW 17 Schürenstedt, Bardenfleth, KW 18 Abeking u. R., Lemwerder; 2–20 mm, KW 19: 4–20 mm II	
Torpedofangboote Kl. 438/439, Kl. 430											
TF 1-4	1941/42	30-39	22,1	3,7	1,5	1 Deutz-DM	250 16	•	4-5	TF 1, 2, 4 Schweers, Bardenfleth, TF 3 Lürssen, Vegesack, 1967/75 alle a. D.	
TF 25 (Y 806) **TF 26** (Y 807), **TF 101-103** (Y 883-885)	1941	25	22,1	3,7	1,5	1 Deutz-DM	250 14	•	4-5	alle Kröger, Warnemünde, z. Tl a. D.	
TF 105 (Y 835) **TF 109, 110** (Y 109, 110) **B 3-5** (3-5)	1944 1941/44	31	22,1	3,7	1,5	1 Deutz-DM	230 •	•	4-5	TF 109, 110, B 3-5 Schweers, Bardenfleth, z. Tl. a. D.	
TF 104 (104, Y 886)	•	41	24	4,6	1,5	1 MWM-DM	320	•	6	Kröger, Warnemünde, a. D.	
TF 1-6 (Y 851-856) **TF 106-108** (Y 872-874)	1965/66	56	25,2	5	1,2	1 MWM-DM	1000 17	•	6	TF 1-3, 107, 108 Burmester, Bremen-Burg, TF 4-6, 106 Schweers, Bardenfleth, Kl. 430	
Sicherheitsboote Kl. 438/39											
Todendorf (TV 1) **Putlos** (TV 2), **Hohwacht** (TV 3), **Heiligenhafen** (TV 4)	1941/43	31	22,1	3,7	1,5	1 MWM-DM	250 •	-	4-5	•	Schießplatzkommando Todendorf, 1970/76 a. D.
Frischwasserboote Kl. 705											
FW 1 (Y 864) **FW 2** (Y 865), **FW 3** (Y 866), **FW 4** (Y 867), **FW 5** (Y 868), **FW 6** (Y 869)	1963/64	598 626	44	7,8	2,6	1 MWM-DM	250 9,5	2150 9	12	FW 1, 2 Schichau/Unterweser, Bremerhaven, FW 3, 4 Jadewerft, Wilhelmshaven, FW 5, 6 Ranke, Hamburg, FW 3 1976 an Griechenland, FW 2 1975 an die Türkei	

Fortsetzung der Tabelle auf S. 143

241 *1958 – Tender* ***Oste,*** *vor Umbau (ex KM Bergungsschlepper), 1957 i. D. Tender 1. Minensuchgeschwader (s. Bild 256)*

242 *1963 – Schwimmwerkstatt* ***Wieland,*** *1956 i. D. Marinestützpunktkommando Wilhelmshaven, 1971 a. D.*

243 *1974 – Batterieladeprahm* ***LP 3,*** *1974 i. D. Marinestützpunktkommando Kiel/Eckernförde*

244 *1975 – Schlepper und Eisbrecher* ***Eisvogel,*** *1961 i. D. Marinestützpunktkommando Kiel*
245 *1983 – Schlepper und Eisbrecher* ***Eisbär,*** *1961 i. D. Marinestützpunktkommando Borkum*

246 *1982 – Großer Hafenschlepper **Sylt,** 1962 i. D. Marinestützpunktkommando Wilhelmshaven*

247 *1963 – Hafenschlepper **Blauort,** 1960 i. D. Marinestützpunktkommando Wilhelmshaven, später Borkum, 1977 a. D.*

248 *1965 – Hochseeschlepper **Passat,** 1956 i. D. Marinestützpunktkommando Wilhelmshaven, nach Umbau 1959 bei U-Bootlehrgruppe 1967 a. D.*

249 *1975 – Kleiner Hafenschlepper* ***Mellum,*** *1958 i. D. Marinestützpunktkommando Bremerhaven, später Wilhelmshaven, nach Umbau*

250 *1964 – Kleiner Hafenschlepper* ***Lütje Hörn,*** *1958 i. D. Marinestützpunktkommando Kiel*

251 *1968 – Hafenschlepper* ***Plön,*** *1956 i. D. Marinestützpunktkommando Kiel, 1970 a. D.*

252 *1972 – Hafenschlepper* ***Neuende,*** *1971 i. D. Marinearsenalbetrieb Wilhelmshaven*

253 *1985 – Flottendienstboot* ***Alster*** *(ex Fischtrawler Mellum), 1971 i. D. Minenlegergeschwader, 1972 Flottendienstgeschwader*

254 *1965 – Flottendienstboot* ***Trave*** *(ex brit.), 1956 i. D. als Tender/Schulschiff, 1963 Umbau zum Flottendienstboot, 1971 a. D.*

255 *1967 – Meßhulk* ***Viktoria,*** *1960 i. D. Sperrwaffenversuchsstelle, 1965 Kdo. für Truppenversuche der Marine, 1970 a. D.*

256 *1974 – Flottendienstboot* ***Oste,*** *nach 1. Umbau zum Flottendienstboot, 1967 i. D. Minenlegergeschwader, später Flottendienstgeschwader, Flensburg*

257 *1983 – Flottendienstboot* ***Oker*** *(ex Fischtrawler Hoheweg), 1972 i. D. Flottendienstgeschwader, Flensburg*

258 *1975 – Tankreinigungsschiff* ***Jade,*** *1967 i. D. Marinearsenalbetrieb Wilhelmshaven*
259 *1975 – Taucherschulboot* ***Ems,*** *(ex KM Wassertanker Harle), vormals Tender, 1956 i. D. 3. MSG Kiel, später nach Umbau Lehrgruppe Schiffssicherung Neustadt/Holstein (Y 1662), 1978 a. D.*

260 *1962 – Hafenbetriebsboot* ***Eutin,*** *1956 i. D. Marinestützpunktkommando Kiel, 1976 a. D.*

261 *1972 – Hafenbetriebsboot* ***Borkum*** *(ex KM Hafentankschiff, später USN), 1956 i. D. Marinestützpunktkommando Bremerhaven, dann Wilhelmshaven*

262 *1985 – Ölauffangschiff* ***Bottsand,*** *1985 i. D. Marinestützpunktkommando Olpenitz; Schiffsrumpf in Längsrichtung um Drehpunkt im Achterschiff aufklappbar*

263 *1968 – Frischwasserboot **FW 1,** 1963 i. D. Marinestützpunktkommando Wilhelmshaven*

264 *1972 – Torpedofangboot **TF 104,** 1959 i. D. BWB Erprobungsstelle 71*

265 *1973 – Torpedofangboot **TF 5,** 1966 i. D. Marineunterwasserwaffenschule*

266 *1959 – Wohnschiff* ***Arcona*** *(ex brit. Royal Prince), 1958 i. D.*
267 *1973 – Wohnschiff* ***Knurrhahn*** *(ex USN Barge 2), 1955 i. D. Marinestützpunktkommando Wilhelmshaven, später Kiel*

268 *1981 – Wehrforschungsschiff* ***Planet,*** *1967 i. D., Forschungsanstalt der Bundeswehr für Wasserschall und Geophysik/BWB, Kiel*
269 *1982 – Wehrforschungsschiff* ***Planet***

Hilfsschiffe, sonstige Fahrzeuge

Fortsetzung von S. 131

Typ/Klasse/Name Kennung	Bau- zeit	ts	Lg	B	T	Antrieb	PS kn	Fahr- st./kn	Bes	Werft	Bemerkungen
Torpedoklarmachschiff Kl. 719											
Memmert (Y 805)	1939/41	164 210	32,4	9,5	1,8	2 MWM-DM	400 8	440 8	8	Rheinwerft Walsum,	ex Luftwaffe Bergungsprahm, 1956 Kranschiff Unterwasserwaffenschule, Torpedoklarmachschiff (Y 805), später Taucherbeischiff, 1980 a. D.
Schwimmwerkstatt Kl. 727											
Wieland (Y 804)	1942	131	37	6	2,6	1 Deutz-DM	480	•		Rheinwerft Walsum,	MStpKdo Wilhelmshaven stat. Schwimmwerkstatt, 1971 a. D.
Hafenbetriebsboote Kl. 763											
Borkum (Y 824)	1936	268	37,5	7,6	3,6	1 MWM-DM	175 8	•	6	Flender, Lübeck	
Eutin (Y 825)	1943	409	32,3	6,5	2,3	1 DM	125 6	•	8	Menzer, Geesthacht,	1972 a. D.
Tankreinigungsschiffe Kl. 710											
Förde (Y 1641) **Jade** (Y 1642)	1967	1830	58,5	10,4	4,1	1 MWM-DM	465 8	750 8	16	Deutsche Werft, Hamburg	
Entsorgungsboot Kl. 738											
Bottsand (Y 1643)	1983/84	650 tdw	46,3	12	3,1 +	1 Schottel-Rud.-Prop. SRP 350 LS/CP 2 Schottel-Kegel-Jet SKJ 112	1632 + 408	•	6	Lühring, Brake;	Entsorgungsboot und Ölauffangschiff, MStpKdo Kiel/Olpenitz, Ladetankinhalt 790 Kubikm., Auffangbreite bei Ölfangeinsatz 42 m bei 1 kn, Räumleistung ca. 140 Kubikm./Stunde; 1985 i. D.
Flottendienstboote Kl. 733 B, Kl. 751											
Trave (A 51)	1942	750	53,9	8,4	4	1 Exp	1300 13	11 000 12	45	Davie, Lauzon (CAN);	1–40 mm, ex brit. Geleitfahrzeug
Oste (A 52)	1942–43	690 1083	49,6	9,1	5,8	2 DM	1600 12	•	45	Akers, Oslo;	ex KM Schlepper Puddefjord
Alster (A 50) **Oker** (A 53)	1959/61	1497	84	10,5	5,6	1 KHD-DM	1980 17	•	90	Schiffbau-Ges. Unterweser, Bremerhaven;	ex Fischtrawler, seit 1971 Flottendienstboote
Batterieladeprähme Kl. 718											
LP 1 (LP 1) **LP 2** (LP 2)	1962/64	233	27,6	7	1,6	1 MB-DM	250 9,5	4000 6	6	I, III Jadewerft Wilhelmshaven, II Oelkers Hamburg	
LP 3 (LP 3)	1973/74	267	27,6	7,5	1,8	1 MB-DM	250 9,5	5000 6	6		
Wohnschiffe Kl. 730											
Arcona (Y 809)	1943	380	66,4	10	1,6	-	-	-	7	Ruthoff	Unterkünfte für 80 Mann, 1982 a. D.
Alter Hafen (Y 810)	•	1140	55	8,5	•	-	-	-	•	•	1973 a. D.
Knurrhahn (Y 811)	1916	1250	59	11	2,6	-	-	-	•	•	Unterkünfte für ca. 300 Mann, IV/1986 a. D.
Wehrforschungsschiff Kl. 750											
Planet (A 1450)	1964/67	1513 1943	80,4	12,6	4	4 MWM-DM	1390 13,9	9400 13,4	39 + 22	Norderwerft, Hamburg,	Forschungsanstalt der Bundeswehr für Wasserschall und Geophysik/BWB, Kiel, 1967 i. D.

Abkürzungsverzeichnis

A	Auxiliary Vessel (Hilfsschiff, Kennung)
a. D.	außer Dienst
AmphGrp	Amphibische Gruppe
ARB	Battle Damage Repair Ship (Kampfschäden-Reparaturschiff)
AS	Anti Submarine (U-Boot-Abwehr)
ASROC	Anti Submarine Rocket (Flugkörper für U-Boot-Bekämpfung)
ASW	Anti Submarine Weapons (U-Boot-Abwehrwaffen, U-Jagdwaffen)
AT	Marineartillerieschule, Schulboote (Kennung)
ATu	Abdampfturbine
B	Breite
B	Bombe (bei Flugzeugbewaffnung)
BBC	Brown, Boveri u. Cie
Bes	Besatzung
Bew	Bewaffnung
BGS	Bundesgrenzschutz
BHS	Bordhubschrauber
BM	Bundesmarine
BMBoot	Binnenminensuchboot
BMVg	Bundesminister der Verteidigung
BTR	Bugtorpedorohr (U-Boot)
BWB	Bundesamt für Wehrtechnik und Beschaffung
CODAG	Combined Diesel And Gas Turbine (Antrieb gleichzeitig als Diesel und/oder als Gasturbine zu fahren)
CODOG	Combined Diesel Or Gas Turbine (Antrieb mit Diesel oder Gasturbine zu fahren)
D	Destroyer (Zerstörer, NATO Kennung)
DD	Destroyer (Zerstörer, US Kennung)
DDG	Destroyer Guided Missiles (Flugkörperzerstörer)
DG	Dieselgenerator
DM	Dieselmotor
DT	drahtgelenkter Torpedo
ECM	Electronic Countermeasures (elektronische Unterstützungs- und Gegenmaßnahmen)
EF	Fernmeldeerprobungsboot (Kennung)
ELINT	Electronic Intelligence (elektronische Aufklärung)
EM	Elektromotor
Exp	Expansionsmaschine
F	Fregatte (Kennung)
Fahrstr/kn	maximale Fahrstrecke in sm bei angegebener Geschwindigkeit
FK/LFK	Flugkörper/Lenkflugkörper
FL	Flugsicherungsboot (Kennung)
FM	Marinefernmeldeschule, Schulboote (Kennung)
FW	Frischwasserboot (Kennung)
GE	General Electric, Turbinenhersteller
Geschw	Geschwindigkeit, bei Flugzeugen (km/h)
Gew	Gewicht, bei Flugzeugen (kg)
GGschw	Geleitgeschwader
GM	General Motors
GTu	Gasturbine
H	Hafenschutzboot (Kennung)
Harpoon	Schiff/Schiff Flugkörper, Seeziel
HDW	Howaldtwerke – Deutsche Werft
Hedgehog	Raketenwerfer für kleine Sprengkörper zur U-Boot-Abwehr
HFG	Hohlstabfernräumgerät
HLBoot	Hohlstablenkboot
i. D.	in Dienst
IR	Infrarot
Kdo	Kommando
Ke	Kessel
KFK	Kriegsfischkutter
KHD	Klöckner – Humboldt – Deutz
Kl	Klasse
KM	Kriegsmarine
KMBoot	Küstenminensuchboot
Kn	Knoten (Geschwindigkeit, Seemeilen/Stunde)
Kormoran	Luft/Schiff Flugkörper
KW	Küstenwachboot (Kennung)
L	Landungsfahrzeug (Kennung)
LARC	Lighter Amphibious Resupply Cargo (amphibisches Transportfahrzeug, Nutzlast in römischen Ziffern, Kennung)

LBR	Luft-Boden-Rakete
LCM	Landing Craft Medium (mittleres Landungsschiff, auch US-Kennung)
LCS	Landing Craft Support (Landungsunterstützungsschiff, auch US-Kennung)
LCT	Landing Craft Tank (Panzer-Landungsfahrzeug)
LCU	Landing Craft Utility (Hilfs-Landungsschiff, auch US-Kennung)
Lg	Länge (m)
LLR	Luft-Luft-Rakete
LP	Ladeprahm (auch Kennung)
LSM	Landing Ship Medium (Landungsschiff, auch US-Kennung)
LSMR	Landing Ship Medium Rocket (Landungsschiff mit Raketen, auch US-Kennung)
LST	Landing Ship Tank (Panzerlandungsschiff, auch US-Kennung)
M	Minensuchboot (Kennung)
M	Mine, Minen (bei Bewaffnung)
MaK	Maschinenfabrik Kiel
MAN	Maschinenfabrik Augsburg – Nürnberg
MarA	Marineamt
MArs	Marinearsenal
MAusbBtl	Marineausbildungsbataillon
MB	Mercedes-Benz
MBoot	Minensuchboot
MES	magnetischer Eigenschutz
MFG	Marinefliegergeschwader
MFlg	Marineflieger
MFmS	Marinefernmeldeschule
MGschw	Minensuchgeschwader
MiJBoot	Minenjagdboot
MiLg	Minenleger
MiLgGschw	Minenlegergeschwader
MiTrspr	Minentransporter
MM	Schiff/Schiff Flugkörper
mm	Millimeter (bei Kaliberangabe)
mod	modifiziert
MOS	Marineortungsschule
MRCA	Multi Role Combat Aircraft (Mehrzweckkampfflugzeug)
MS	Motorschiff
MSG	Minensuchgeschwader
MSM	Marineschule Mürwik
MStpKdo	Marinestützpunktkommando
MTU	Motoren- und Turbinen Union
MWaS	Marinewaffenschule
MWM	Motorenwerke Mannheim
N	Minelayer (Minenleger, Kennung)
NATO	North Atlantic Treaty Organization (Nordatlantische Verteidigungsgemeinschaft)
NB	Nachbrenner
OEW	Ottenser Eisenwerke
OT	Marineortungsschule, Schulboote (Kennung)
P	Patrol (Schnellboot, U-Jagdboot; Kennung)
PS	Leistung in Pferdestärken
R-Boot	Räumboot
RAF	Royal Air Force
RAM	Rolling Airframe Missile (Schiff/Luft Flugkörper für Luftziele im Nächstbereich)
Rw	Reichweite (bei Flugzeugen)
S	Submarine (U-Boot, Kennung)
SAR	Search And Rescue (Suche und Rettung, Seenotrettungsdienst)
SB	Sonarbojen
SBoot	Schnellboot
SchulS	Schulschiff
Sea Skua	Luft/Schiff Flugkörper
Sea Sparrow	Schiff/Luft Flugkörper für Nahbereich
SeeSchl	Seeschlepper
SFltl	Schnellbootflottille
SGschw	Schnellbootgeschwader
sm	Seemeile (1852 m)
SMBoot	Schnelles Minensuchboot
SP	Sperrwaffenerprobungsboot (Kennung)
Spw	Spannweite (bei Flugzeugen, in m)
SSS	Segelschulschiff
Standard I	Flugkörper für Luftziel/Seeziel Bekämpfung
t	Tonne (1000 kg, Nutzlastangabe)
T	Tiefgang
TA	Torpedoabwurfvorrichtung
TB	Taucherschulboot (Kennung)
Tdr	Tender
TF	Torpedofangboot (Kennung)
TKSchiff	Torpedoklarmachschiff
TM	Technische Marineschule, Schulboote (Kennung)
TMS	Technische Marineschule
TorpF	Torpedofangboot
Tr	Triebwerke (bei Flugzeugen)

TR	Torpedorohr (bei Bewaffnung)
ts	Tons (Verdrängung in englischen Tonnen, 1016 kg, in Tabellen obere Zahl Typverdrängung, untere Zahl Höchstverdrängung)
Tu	Turbine
U	U-Boot
UBoot	Unterseeboot
UFltl	U-Bootflottille
UGschw	U-Bootgeschwader
UJBoot	U-Jagdboot
UJW	U-Jagd-Raketenwerfer
ULehrGrp	U-Bootlehrgruppe
US	Vereinigte Staaten (von Amerika)
USN	United States Navy
USS	United States Ship
UT	U-Jagdtorpedo
UTR	Torpedorohr für U-Jagd-Torpedo
UW	Marineunterwasserwaffenschule, Schulboote (Kennung)
W	Wachboot (Kennung)
WB	Wasserbombe
WAHODAG	Wagner-Hochdruck-AG
Wr-Ke	Wasserrohrkessel
Y	Dienstfahrzeug (Kennung)
Z	Zerstörer
ZFltl	Zerstörerflottille
ZGschw	Zerstörergeschwader
	Anordnung von Kanonen oder Abschußeinrichtungen in
II	Zwillingsanordnung
III	Drillingsanordnung
IIII	Vierlingsanordnung
IIII IIII	Vierlingsanordnung, zweifach

(Um marine-internen Gebrauch zu verdeutlichen, sind im Abkürzungsverzeichnis einige Begriffe in der dort üblichen Schreibweise aufgenommen worden – im Gegensatz zur auch im Buch benutzten normalen Form, z. B. MBoot – M-Boot; UBoot – U-Boot)

Register

Im Register ist ein Name nur dann näher erläutert, wenn er mehrfach erscheint.
halbfette Ziffer: Bild, normale Ziffer: Tabellenteil

Literatur

Breyer – Koop, Die Schiffe und Fahrzeuge der deutschen Bundesmarine, München 1978

Gröner, Die Schiffe der deutschen Kriegsmarine und Luftwaffe 1939–1945 und ihr Verbleib, München 1972

Gröner, Die deutschen Kriegsschiffe 1815–1945, Bd. 2, München 1968

Hildebrand – Röhr – Steinmetz, Die deutschen Kriegsschiffe, Bd. 7, Herford 1983

Jahrbuch der Marine, Bremen, verschiedene Jahrgänge

Jeschonnek, Die Bundesmarine 1955 bis heute, Koblenz/Bonn 1975

Jung – Maass – Wenzel, Tanker und Versorger der deutschen Flotte 1900–1980, Stuttgart 1981

Jung – Wenzel – Abendroth, Die Schiffe und Boote der deutschen Seeflieger 1912–1976, Stuttgart 1977

Köhlers Flottenkalender, Herford, verschiedene Jahrgänge

Rössler, Die deutschen U-Boote und ihre Werften, Bd. 2, München 1980

Weyers Flottentaschenbuch, München, verschiedene Jahrgänge

Zeitschriften:

Marine (früher Bundesmarine), Bonn, verschiedene Jahrgänge

Marineforum, Bonn, verschiedene Jahrgänge

Marine-Rundschau, Frankfurt/München, verschiedene Jahrgänge

Soldat und Technik, Frankfurt, verschiedene Jahrgänge

Truppenpraxis, Herford, verschiedene Jahrgänge

Dieses Buch ist eine Fortsetzung zu
»Kroschel-Evers, Die Deutsche Flotte 1848–1945«,
Geschichte des deutschen Kriegsschiffbaus in 437 Bildern,
Verlag Lohse-Eissing, Wilhelmshaven

Bildnachweis

Marineamt, Wilhelmshaven
mit folgenden Ausnahmen:
40: Marinearsenal Wilhelmshaven, Bildstelle
48: privat
80: Renard, Kiel
84: Hartog, Stadtarchiv Wilhelmshaven
86: Kroschel
89: Hartog, Stadtarchiv Wilhelmshaven
257: Marinearsenal Wilhelmshaven, Bildstelle
269: Marinearsenal Wilhelmshaven, Bildstelle
(Im Bildteil geben die Jahreszahlen hinter der laufenden Numerierung das Aufnahmejahr an.)